今日から
モノ知り
シリーズ

トコトンやさしい

工作機械の本

第2版

工作機械は「マザーマシン」とも呼ばれています。日本のものづくりは、工作機械に支えられていると言っても過言ではありません。本書では、工作機械の仕組みや加工から、最先端の機械まで幅広く解説します。

清水伸二
岡部眞幸
澤　武一
八賀聡一

B&Tブックス
日刊工業新聞社

はじめに

工作機械は、「マザーマシン」とよばれており、世の中に存在しているあらゆる機械の頂点に立つ、「機械をつくる機械」です。そして、それら工作機械が、世界のものづくりを支え、世界の人々の生活を豊かにするために大活躍し、日常生活の中でも、我々が工作機械から多くの恩恵を受けていることは、一般には余り知られておらず、その存在すら、知られていないのが現状かと思います。

日本は、この工作機械技術では、世界トップクラスであり、その生産額も1980年より40年間、世界のトップスリー（そのうちの26年間はトップ）の座を続けております。日本が、ものづくり立国として、世界をリードできるのも、日本の工作機械技術が世界のトップクラスであるからなのです。

工作機械は、機械の頂点に立つ機械ですので、非常に高度な最新技術がたくさん使われているため、理解するのが困難であり、したがって教えるのも難しく、それらを解説している最新の教科書も少ないのが現状です。このことが、工作機械がその存在すら知られていない状況をつくり出しているといえます。そこで、本書では、この工作機械を徹底的にやさしく解説して、工作機械をもっと身近なものとして感じていただき、ものづくりの重要性と、このような産業の重要性を認識し、より多くの方々に工作機械産業を盛り立てていただきたく、本書を執筆しました。

工作機械は、機械をつくる「機械」ですので、本書では、まず、そもそも機械とはどのようなもので、また、工作機械はどのような機械を生み出しているのかについて述べます。これらを通して、工作機械のお陰で、我々の日常生活がどのように豊かになっているのかが理解できることと思います。そして、工作機械には、基本的にどのような種類が存在し、それらは、どのような共通な仕組みを持っているかについて説明します。さらに、機械の頂点に立つためには、工作機械にはどのような特性が必要なのかについても、やさしく解説します。

次に、おもな工作機械と、その基本構造と加工機能、その際に用いられる加工用の工具と、工作物の取付具などについて、より具体的に説明します。そして、さらに最新の工作機械とそれら工作機械によって作られる製品事例、加工事例を紹介します。

最後には、今日の工作機械に至るまでの歴史を、色々な切り口から振り返り、これまでの先人の偉業について解説し、このような研究開発を今後とも継続し、工作機械技術をさらに発展させていくことの重要性について述べます。是非、本書を一読し、工作機械の世界をより身近なものとして感じて頂きたく思います。

初版は、2011年10月に発刊され、すでに8年が経過する間に、インダストリ4.0をはじめとして、ものづくりに大変革を起こそうとする第4次産業革命への取り組みが本格化しています。また、本年は、令和になり2年目の年ですが、この新たな年が始まったのを機会に新たな著者を迎えて、全体的に内容を見直しすることにしました。特に4から7章の基本的な工作機械、基本的な加工、最新の工作機械、歴史については、新たな視点で、より分かりやすくご執筆いただきました。これまで以上に、より工作機械の理解が深められることを願っております。なお本書の執筆は、第1章～第2章を清水伸二、第3章～第5章を岡部眞幸、第6章を澤　武一、第

7章を八賀聡一がそれぞれ担当しました。

おわりに、本書執筆にあたり内外の多数の著書、文献、カタログを参考にさせていただきました。また、多くの工作機械および関連のメーカの皆様から貴重な資料の提供、ならびにアドバイスをいただきました。ここに厚く御礼申し上げます。また本書出版の企画を立てられ、著者らの出版趣旨と思いを同じくし、出版にこぎつけるまで種々のご尽力を賜りました日刊工業新聞社出版局の奥村功、岡野晋弥の両氏に心から感謝申し上げます。

2020年5月

執筆者代表　清水伸二

目次 CONTENTS

第1章 工作機械って何？

第2章 工作機械が動く仕組み

第3章 工作機械に求められる特性

第4章 基本的な工作機械

第5章 工作機械で出来る基本的な加工

第6章 付加価値を追求する工作機械

第7章 工作機械の歴史

【コラム】

第1章

工作機械って何?

1 機械とは

機械の定義

私たちの身の回りには、多くの機械が存在し、私たちの生活を便利にするために大活躍してくれています。例えば、**図1**のように、家の中では冷蔵庫、洗濯機、掃除機、エアコン、扇風機などの家電製品、外に出れば自動車、電車などの輸送機械と、日常生活にはなくてはならないものになっています。

では、私たちはどのようなものを機械と呼んでいるのでしょうか。**図2**のように、電気炊飯器、スマートフォン、電卓などは機械と呼ばないようです。機械と呼ばれているものの特徴を整理してみると以下のようになります。

(1)構成要素をしっかり支える、構造本体をもっている。
(2)外部からエネルギや情報をもらっている。
(3)外部からもらったエネルギや情報を変換・加工するための動く仕組みをもっている。
(4)この変換・加工の結果として、必要な仕事をする。

このように考えると、一見機械と思えても、明確に動いて仕事をする仕組みをもたないものは、機械とは呼ばないようです。

本格的な機械は、以下のような要素で構成されています。

①駆動要素(モータなど)：駆動力の発生
②動力伝達機構要素(歯車、ベルトなど)：発生した駆動力を変換・伝達
③動力制御機構要素(ブレーキ、クラッチなど)：駆動力を必要に応じて制御
④運動動作変換機構要素(リンク、ねじなど)：運動形態を変換
⑤締結要素(ボルト、ナットなど)
⑥構造本体要素：構成要素を支える
⑦制御機器要素(センサ、コンピュータ、情報処理部)

このような機械を分類してみると**表1**のようになります。主な機械としては、動力機械、作業機械、計測機械、情報・知能機械があげられます。

要点BOX
- ●身の回りにはたくさんの機械がある
- ●電気炊飯器、スマートフォンなどは機械と呼ばない
- ●機械は動いて仕事をする仕組みを持つ

図1　身の回りの機械

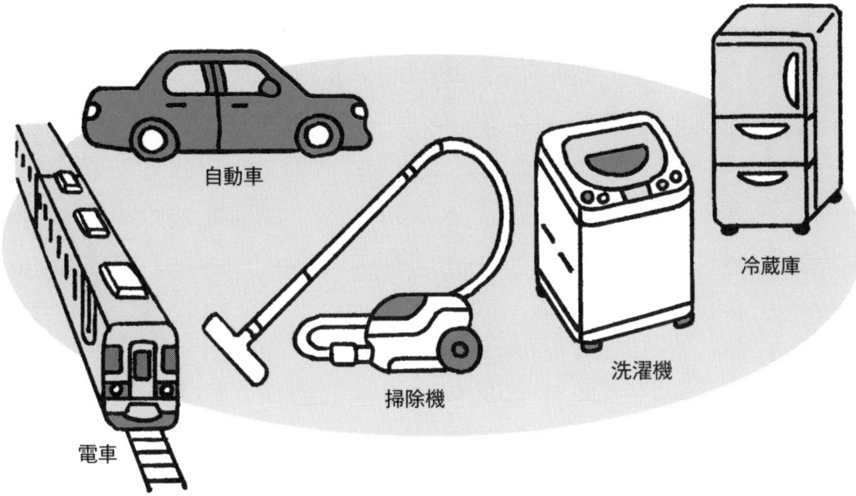

図2　機械と呼ばないもの

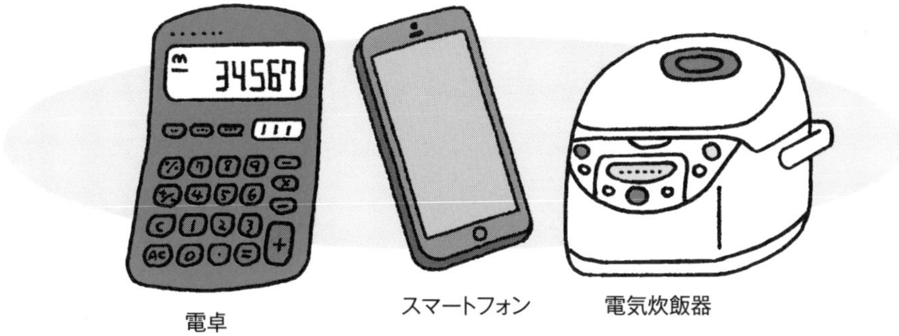

表1　機械の分類

機械の種類	機械の事例
動力機械	内燃機関、蒸気タービン、ガスタービン、電気モータ、油圧モータ、ポンプ、コンプレッサ など
作業機械	輸送機械、建設機械、農業機械
計測機械	体重計、3次元座標測定装置、時計、MRI検査装置 など
情報・知能機械	計算機、ロボット

2 世の中には、どんな機械があるの

人間の道具としての機械

私たちが道具として使っている機械を整理してみると、**表1**のようになります。私たちは、日常生活の中で、実に多くの機械を便利な道具として使い、自分の生活を豊かにしていることがわかります。

自動車には、私たちになじみの深い、一般乗用車、バスにはじまり、運送用トラック、フォークリフトのような産業車両、トレーラのような特殊車両までと、多くのものがあります。同様に、鉄道車両、船舶にも多くのものがあります。

精密機械の代表としては、身近なものではカメラ、時計があげられます。この他、各種計測器や、医療機器があります。計測する機械としては、身近なものとして体重を測定する体重計から、真円度計、粗さ計、**図1**に示すような3次元座標測定装置、電子顕微鏡など、産業界、研究機関で活躍する各種形状測定器まで、多くのものがあります。医療機器にも、**図2**に示すようなMRI（磁気共鳴画像）検査装置、CT（コンピュータ断層撮影（Computerized Tomography））スキャン検査装置など多くの診断用の機械が活躍しています。

電気機械の中では、モータがその代表です。モータは電動機とも呼ばれ、これまでに述べてきた多くの機械の動力要素として組み込まれ、たくさん使われています。モータには、直流電源を必要とする直流モータ、交流電源を必要とする交流モータがあります。また、回転するモータだけではなく、リニアモータのように、直進運動するモータもあります。

その他にも、各種事務機械、OA機器、ロボット、遊園地で活躍する**図3**のようなアミューズメント機械など、多くの機械が存在しています。

ロボットでは、最近、特にヒューマノイドロボット（人間形ロボット）が、アミューズメントロボットとして注目を浴びています。一方、実用的な道具として期待されているのが、介護ロボット、レスキューロボットです。

要点BOX
- 機械は我々の道具として使われている
- モータには直流モータと交流モータがある
- 直進運動するリニアモータも使われる

表1　人間の道具としての機械

道具としての機械	種類
家電製品	洗濯機、扇風機、掃除機、エアコン、DVDプレーヤ、電子レンジ、PC、調理機械
自動車	自家用車、トラック、バス、産業車両、特殊車両、救急車両、消防車両
航空・宇宙機械	航空機、ヘリコプタ、ロケット、ドローン
船舶	旅客船、貨客船（フェリー）、貨物船（タンカ、コンテナ船など）、軍艦、巡視船、漁船
鉄道車両	旅客車（電車、気動車、客車）、機関車（蒸気、電気、内燃）、貨車
精密機械	計測器、医療機器、カメラ、時計
電気機械	モータ、情報通信機器
その他	事務用機械、ロボット、アミューズメント機械

図1　3次元座標測定装置などの計測機械

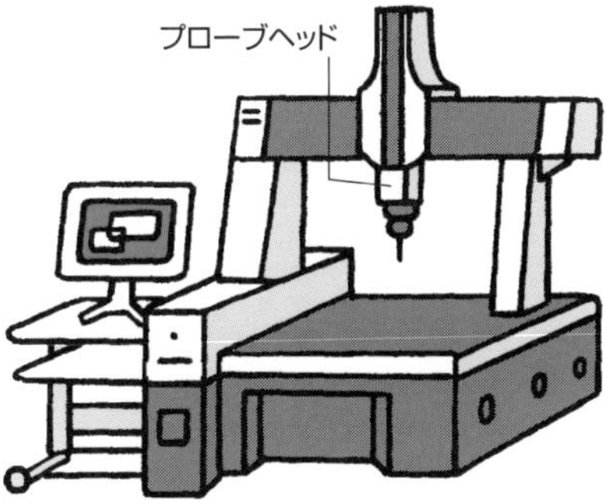

図2　MRI検査装置などの医療機械

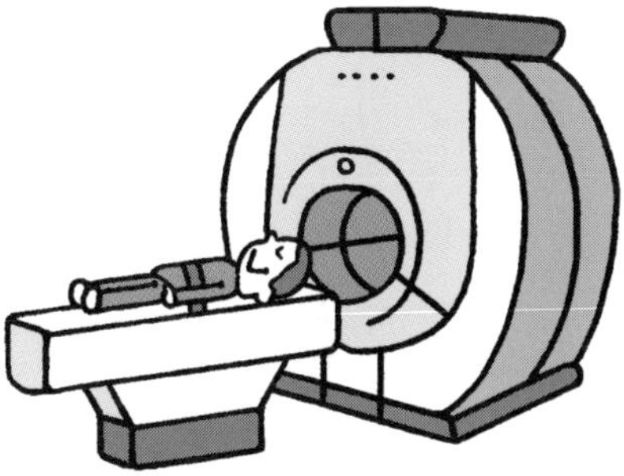

図3　ジェットコースター、パチンコなどのアミューズメント機械

ジェットコースター

パチンコ台

3 産業に役立つ機械

ものづくりのための道具としての機械

機械には、2で述べたような、人間が直接的に道具として使う機械の他に、人間がものをつくり出すために道具として使う機械があります。これら機械を総称して「産業機械」と呼んでいます。この産業機械を分類すると、**表1**のようになります。主なものとしては、農業機械、土木建設機械、食品機械、繊維・縫製機械、一般加工機械などがあります。

農業機械とは、農作物をつくる際に、畑を耕したり、田植したり、収穫したりする機械です。土木建設機械はビルの建設現場、宅地造成現場で活躍している機械で、多くのものがあります。例えば**図1**のように土砂のかきおこしや盛土、整地に用いるブルドーザや杭打ち機やクレーンなどがあります。食品機械にも、**図2**の寿司ロボットをはじめとして、多くのものがあります。農産物、水産物などの素材を半加工した多くの食品が売られており、さらには、冷凍食品など調理済み食品も多く見られるようになっていますが、それらをつくるのにも多くの機械が使われています。

我々が日常的に着ている衣服類は、まずは繊維機械により素材がつくられ、その後、縫製機械により衣服がつくられます。

さらに、これまで述べてきた機械を構成している部品をつくる一般加工機械が多く存在しています。これら機械がなければ、これまで述べてきた私たちが便利に使っている製品や機械はできないのです。

これらの機械には、液体状、粉体状の素材を型に入れて成形する鋳造（ちゅうぞう）機械や**図3**のような射出成形機、そして粉末圧縮成形機などがあります。また、固体状の素材を、型を用いて塑性（そせい）変形させて成形する機械としては、**図4**のように通称「プレス」と呼ばれる鍛圧（たんあつ）機械があります。

この他、ここで述べるより高精度な加工が行える「工作機械」が産業機械として活躍しています。

要点BOX

- ●ものをつくり出す機械が産業機械
- ●素材を型に入れて成形する鋳造機械や射出成形機、型を用いて塑性変形させる鍛圧機械がある

表1　ものづくりのための道具としての機械（産業機械）

産業機械	種類
農業機械	トラクタ、耕運機、田植機、コンバイン（刈取り脱穀機）、精米機
土木建設機械	ブルドーザ、油圧ショベル、ダンプトラック、クレーン、杭打機、油圧ハンマ、掘削機
食品機械	混合機、混練機、粉砕機、ふるい機、分級機、成型機、計量·充填機、撹拌機、専用食品機械
繊維・縫製機械	粗紡機、精紡機、織機、メリヤス編機、染色機、整理機、化学繊維製造機械、ミシン、裁断機など
一般加工機械	粉末圧縮成形機、粉末射出成形機、鋳造機械、鍛圧（鍛造）機械（プレス機械）、せん断加工機、転造機械、プラスチック射出成形機、工作機械
その他	ロボット、化学・薬品機械、印刷機械

図1　ブルドーザ

図2　食品機械（寿司ロボット）

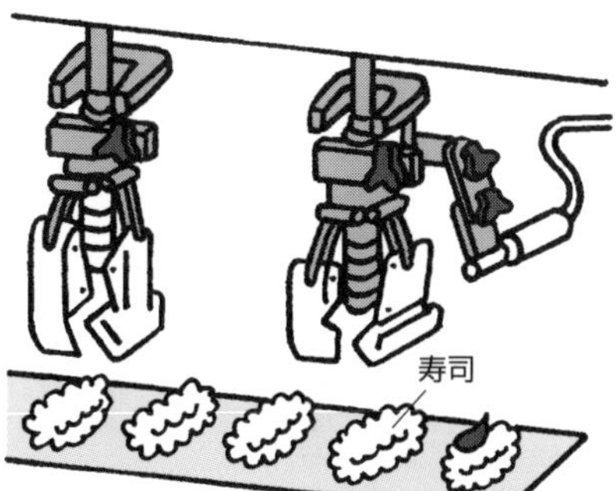

図3　プラスチック射出成形機

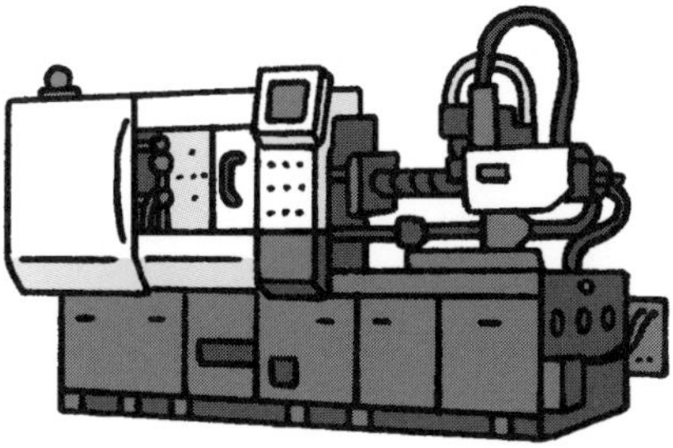

図4　鍛圧機械（プレス機械）

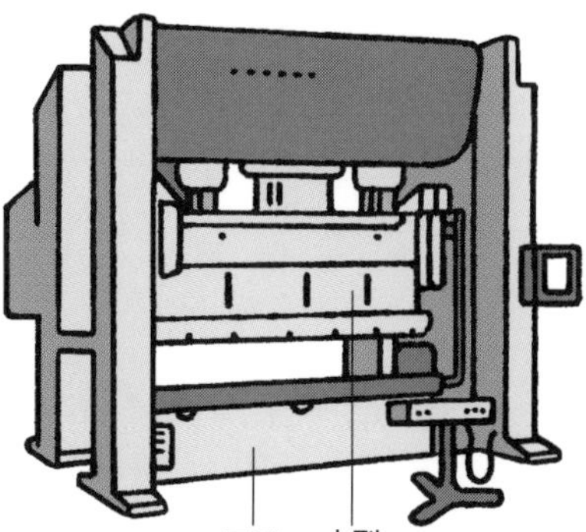

4 マザーマシンと呼ばれる工作機械

あらゆる機械を生み出す

工作機械は「マザーマシン」、あるいは「機械の原点」とも呼ばれています。その理由は、**図1**に示すようにあらゆる機械を構成している機械部品をつくり出しているのが、工作機械であるからです。ここで大事なのは、私たちの道具としての機械を構成している部品を直接つくり出すだけではなく、私たちの生活に必要な各種製品をつくり出すための道具としての機械(産業機械)を構成している部品もつくり出しているのです。つまり工作機械は、まさしくあらゆる機械を生み出し、私たちの生活にはなくてはならない機械ということになります。この機械のお陰で、私たちは便利で豊かな生活を送れているといっても過言ではありません。工作機械は、一国の産業を支えている重要な機械であり、その国の工作機械の技術レベルは、その国の豊かさを示しているといわれるほどです。

その工作機械技術で、日本は世界のトップレベルなのです。このことは、一般の皆さんにはあまり知られていませんが、日本がものづくり立国、技術立国として、世界をリードできる所以(ゆえん)なのです。

工作機械は、日本産業規格(JIS B 0105)では、以下のように定義されています。

「工作機械とは、主として金属の工作物を、切削、研削などによって、または、電気、その他のエネルギを利用して不要部分を取り除き、所要の形状につくり上げる機械。ただし、使用中機械を手で保持したり、マグネットスタンドなどによって固定するものを除く。」

工作機械は、この定義で示されているように、不要部分を取り除く除去加工を行う機械です。この他に、**表1**に示すように除去の逆で、付加して必要な形状・寸法、品質にしていく溶接、3Dプリンティングやメッキといった付加加工法と、型により成形する成形加工法があります。これらの加工が製造工程の中で、どのように使われているかを**図2**に示します。

要点BOX
- ●工作機械はマザーマシンと呼ばれる
- ●機械を構成する部品をつくるのが工作機械
- ●日本の工作機械は世界のトップクラス

図1　工作機械と工業製品の関わり

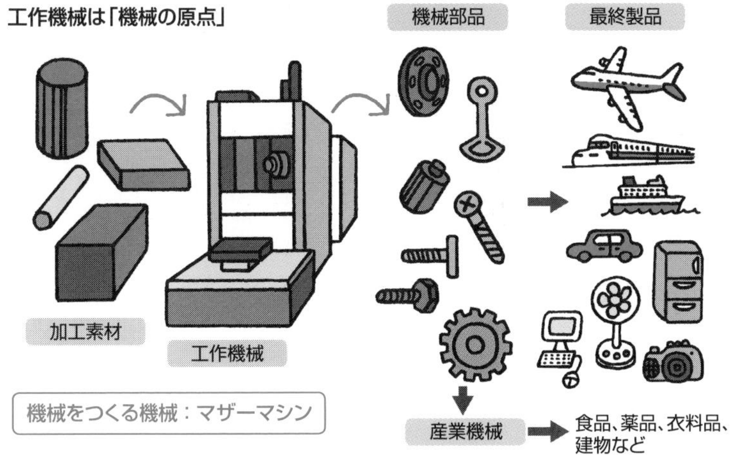

表1　世の中に存在する加工法

加工形式		加工に使われるエネルギー		
		機械的加工	熱的加工	化学的･電気化学的加工
付加加工	接合	圧接、圧入	レーザ、電子、溶接、焼きばめ	接着
	被覆	クラッディング、ラピッドプロトタイピング	電子、イオン、レーザ、ラピッドプロトタイピング 溶射、肉盛、3Dプリンティング	めっき、電鋳（エレクトロフォーミング）、CVD
成形加工	液・粉	鋳造、射出成形、焼結	レーザ	
	固体	鍛造、圧延、押し出し、引き抜き、プレス（せん断、曲げ、絞り）、スピニング		
除去加工		切削、研削、研磨、超音波、噴射、ウォータジェット、微粒子噴射、バニシング	放電、レーザ、電子、イオン、プラズマ	電解加工、電解研磨、電解研削、化学加工、化学研磨
表面改質		ショットピーニング	レーザ、電子、イオン	各種熱処理

図2　一般的な加工工程

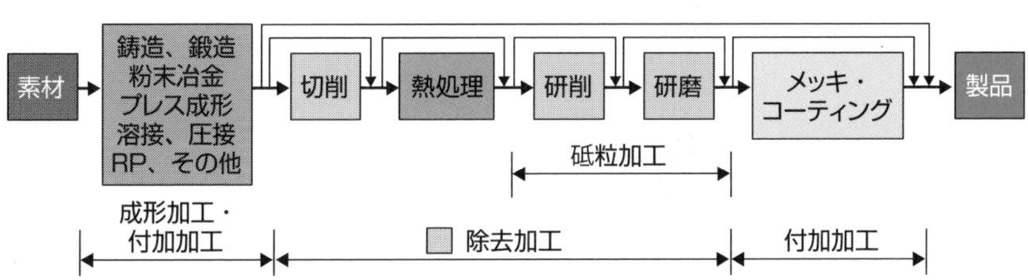

5 工作機械は、一般の機械とどこが違うのか

母性原理が成り立っている

すでに述べているように、工作機械も機械の一つですが、一般の機械とは、異なった特質をもっています。それをまとめてみると、以下のようになります。

①機械をつくる機械であり、すべての産業の基礎である。

②母性原理が成り立つようにつくられている。

③この実現のため、変位基準の設計（剛性設計）を基本としている。

④「自分が生み出す製品により、自分自身がさらに進歩する」という良循環を形成できる。

①については、これまでに述べたとおりです。②の母性原理とは、あたかも母親の性質が子供に伝えられるよう、工作機械が生み出す部品に、自身の精度が忠実に転写されるということです。例えば、**図1**に示すように刃物台の動きがそのまま加工工具の刃先の運動となるようにつくられています。工作機械は、このような原理が成り立つようにできているため、繰り返して同じ精度の製品をつくり出すことができるのです。したがって、基本的には、自分より高精度な部品を生み出すことは困難といわれています。

③の変位基準の設計とは、機械に静的、振動的、熱的な負荷がかかった時に、許容される変位以上の変位が生じないように、設計することです。当然のことながら、運動誤差も、ある許容の変位内に収まるように設計がなされています。このお陰で、②の母性原理が実現できることになります。

④の良循環とは、**図2**に示すように工作機械産業の貢献が工作機械自身の成長につながっていることです。例えば、工作機械のお陰で、高精度な軸受加工用の機械が生まれたとすると、そのお陰で精密機械産業において、より高精度な軸受が生産され、工作機械はその軸受を採用して、さらに高精度な工作機械ができるようになります。そしてそのお陰でさらに良い軸受加工用の機械がつくられるという良循環が生まれます。

要点BOX
- ●変位基準の設計を基本
- ●繰り返し同じ精度の製品をつくり出す
- ●良循環で工作機械自身もさらに高度化

図1　工作機械の母性原理と変位基準の設計

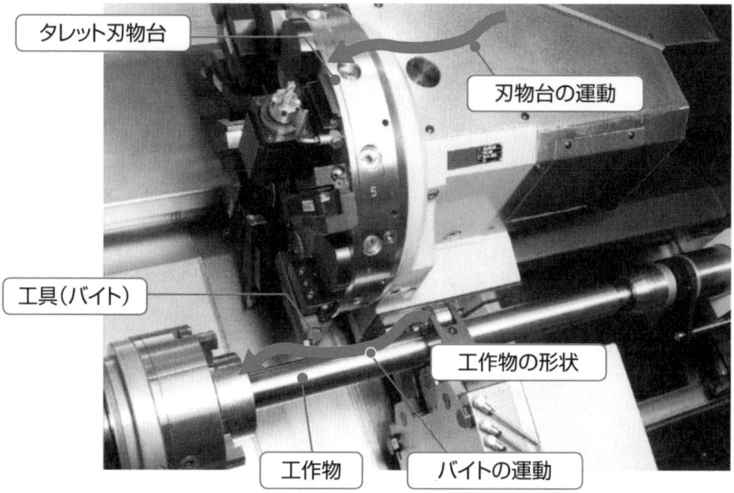

図2　自ら生み出す良循環で発展する工作機械

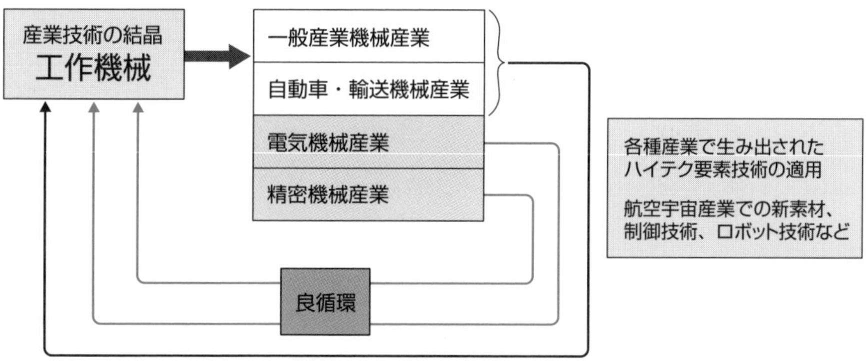

6 工作機械の基本構成

工作機械を機能させる周辺構成要素

代表的な工作機械の一つである、図1のような横中ぐりフライス盤を用いて、工作機械本体が共通的にもっている構成要素についてみてみましょう。工作機械は、工具と工作物の相対運動によって、必要とされる形状を創成しています。そのためには、運動する要素（テーブル、サドル、主軸頭、主軸）とともに、その運動の基準となる構造本体（コラム、ベッド）といった、主軸構造要素が必要になります。

主要構造要素は各種機能を持った結合部により結合されています。この結合部には、コラムとベッド間のように固定するための固定形結合部、サドルとベッド、テーブルとサドル、主軸頭とコラム間の直進案内のような直進移動形結合部、主軸と主軸頭間の回転案内（軸受部）のような回転移動形結合部があります。そして、さらにこれら運動要素を駆動するための駆動機構が組み込まれています。駆動機構には、テーブルを直進運動させる直進駆動機構と主軸を回転運動させる回転駆動機構があります。

工作機械は、これだけでは機能することができず、機械本体以外に図2に示すような各種の構成要素が必要となっています。一つは制御装置であり、もう一つは周辺装置です。周辺装置としては、工具の自動交換装置（ATC）、工作物の自動交換装置（AWC、APC）、そして加工熱を冷やし、切りくずを加工点ならびに機械から流し出すためのクーラント供給・切りくず処理装置が必要になります。そして、工作物の加工形状が複雑になると制御装置に必要な指令も複雑になることから、そのためのプログラムを発生させるためのCAMシステムなどが必要になります。

この他、加工用工具はもとより、それら工具を保持する工具、工作物を把持する工作物取付具、加工結果を評価するための計測システムなど、同図に示したような多くのツーリングシステムが必要になります。

要点BOX

- ●主要構造要素には、運動する要素と構造本体がある
- ●結合部には、ボルト結合部や案内結合部がある

図1　工作機械の基本構造

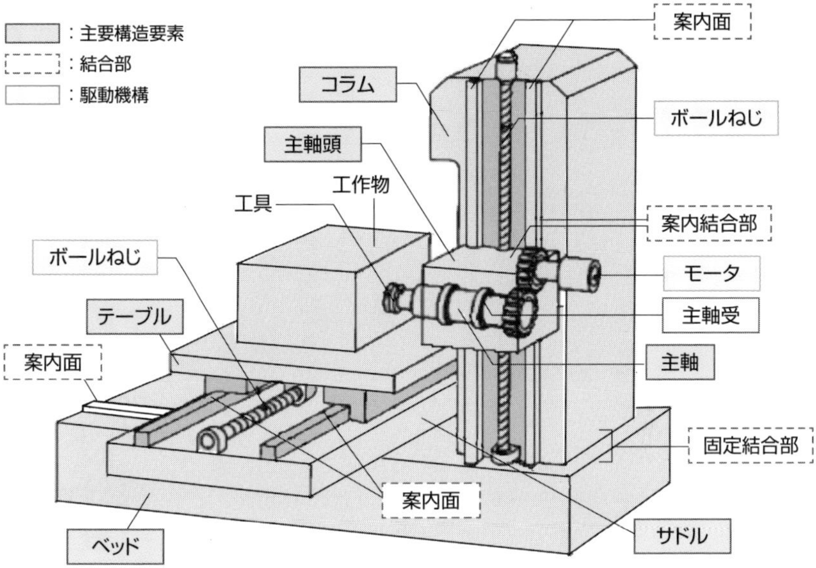
：主要構造要素
：結合部
：駆動機構
案内面
コラム
ボールねじ
主軸頭
工作物
工具
案内結合部
ボールねじ
モータ
テーブル
主軸受
案内面
主軸
固定結合部
案内面
ベッド
サドル

図2　NC工作機械の基本構成要素

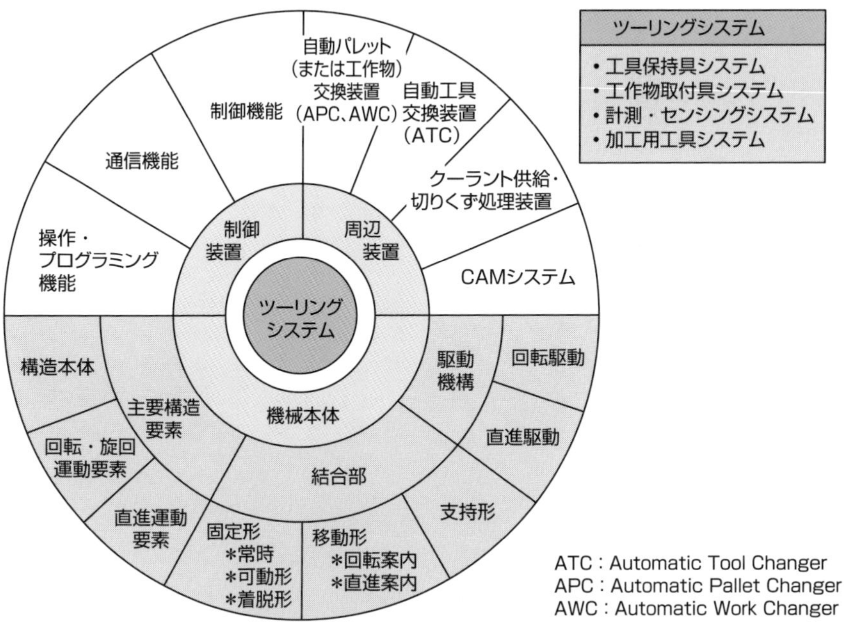
ツーリングシステム
・工具保持具システム
・工作物取付具システム
・計測・センシングシステム
・加工用工具システム
自動パレット
(または工作物)
交換装置
(APC、AWC)
自動工具
交換装置
(ATC)
制御機能
通信機能
クーラント供給・
切りくず処理装置
操作・
プログラミング
機能
制御
装置
周辺
装置
CAMシステム
ツーリング
システム
駆動
機構
回転駆動
構造本体
主要構造
要素
機械本体
直進駆動
回転・旋回
運動要素
結合部
支持形
直進運動
要素
固定形
＊常時
＊可動形
＊着脱形
移動形
＊回転案内
＊直進案内
ATC：Automatic Tool Changer
APC：Automatic Pallet Changer
AWC：Automatic Work Changer

7 工作機械の基本的な種類

いろいろな切り口で分類

工作機械には、非常に多くのものが存在しており、**表1**のようにいろいろな切り口から分類することができます。この中で、従来からよく行われている分類法としては、加工時の工作物の運動と形状、加工法、加工エネルギなどがあります。

工作機械を工作物の運動で分類すると、工作物が回転するかしないかの二つに分類できます。**図1**は、その代表的なものを示しています。(a)は旋盤(せんばん)であり、工作物が回転し工具は直進運動を行います。同図(b)はフライス盤で、工作物は回転しないで直進運動を行うとともに、工具が回転運動を行います。基本的には丸い工作物は、工作物が回転する機械で加工されます。それは工作物軸心を機械の回転中心とすることにより、軸対称部品が容易に加工できるからです。この機械で、円筒形状以外の工作物を加工するときは、回転運動時のアンバランス振動への対応が必要となります。

一方、角形状の工作物は、工作物が回転しない機械で加工されます。これは工作物をしっかりと固定しやすいからです。この機械では円筒状工作物も、同様に加工が可能です。加工エネルギでは、機械的エネルギ、熱的エネルギ、化学的エネルギ、電気化学的エネルギ、そしてそれらの複合したものが使われています。

これらを体系的に整理すると、**図2**のようになります。左上半分には、工作物が回転する工作機械、右下半分には、工作物が回転しない工作機械を配置してあります。そして、右上対角方向には加工エネルギ別の分類がなされています。機械的エネルギとしては、切削加工工作機械、研削加工工作機械、研磨加工工作機械などが存在しています。そして、機械的エネルギ以外のエネルギを用いる機械として、放電加工機、レーザ加工機、電解加工機などが存在しています。

要点BOX
- ●工作物が回転する、しないで分類
- ●工作物が回転する旋盤
- ●工作物が回転しないフライス盤

表1　工作機械の分類法

大分類	具体的分類法
工作物関連	・加工時の工作物の運動と形状
加工機能関連	・可能な加工面形状　・加工法　・加工エネルギ
構造形態関連	・機械のサイズ　・基本構造形態　・工具·工作物の運動形態の組合せ
基本仕様関連	・加工可能精度　・生産性　・機械の制御方式　・加工可能な工作物の多様性

図1　工作物の運動による分類

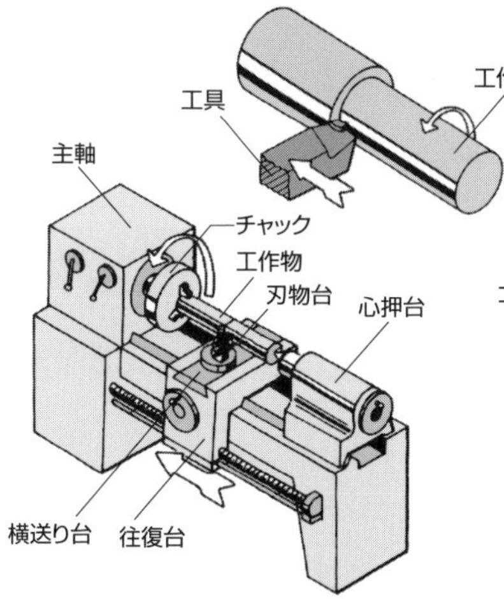

(a)旋盤(工作物が回転する)
(円形断面の工作物が多い)

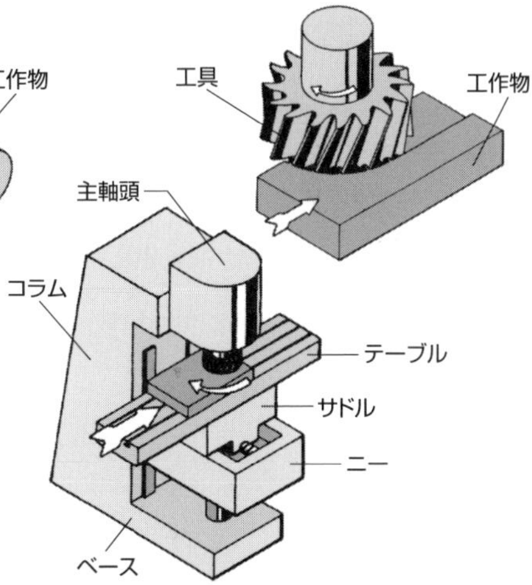

(b)フライス盤(工作物が回転しない)
(角形状の工作物が多い)

図2　工作機械の体系的な分類

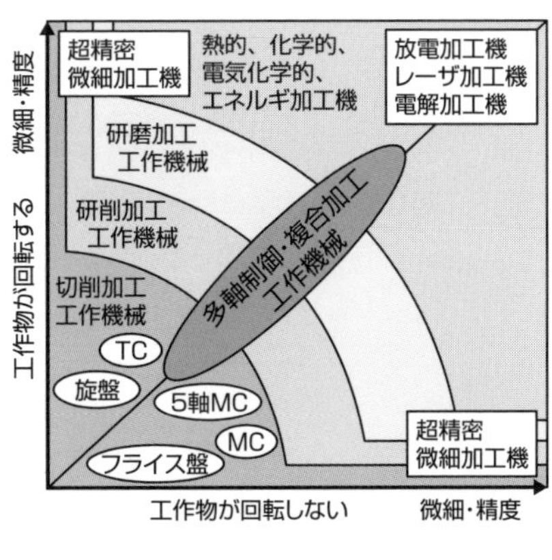

Column

知って得する現場用語①

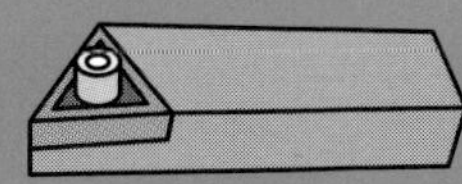

No.	用語	読み	意味
1	青竹・青ペンキ・青ニス	あおたけ	けがき作業に使う塗料.
2	赤ペン(赤ペンキ)	あかぺん	すり合せ用の光明丹(赤色塗料).
3	穴ぐり	あなぐり	旋削における内径加工.穴をくり広げること.中ぐりとはニュアンスが異なる.
4	荒取り	あらどり	仕上げ削り前に行われる荒削り、またはその作業.
5	糸面、糸面取り	いとめん	通常は図面上に寸法指示のないC0.3以下の微小な面取り.
6	いもようかん	いもようかん	鋳鉄製の平行台.
7	インロ、インロー	いんろ	いんろう(印籠)を外国語と誤解してカタカナ書きにしたもの.しっくりはめ合わせるための構造部分.
8	馬	うま	大形部品等を一時的に載せておく台.
9	押しコップ	おしこっぷ	旋盤の心押台.独語のKopf(センタの円すい先端)から「押すコップ」の訛り.
10	おしゃか、おしゃか様	おしゃか	①欠陥品、不良品. ②試作したら屑として捨て、代品を作ってごまかす.「お釈迦様でも気がつくまい」に由来. ③「おさか(逆)になる」が訛った. ④鋳物工場で地蔵尊を鋳ようとして、誤って釈迦を鋳てしまったことに由来. ⑤はんだ付は火が強すぎるとはんだが溶けてダメになる.それを「火が強かった」という.東京の下町言葉では「シガツヨカッタ」と発音し、「4月8日」に聞こえ、4月8日は釈迦の誕生日だから洒落ていう. ⑥仏像鋳物師の言葉でアミダ仏(背に光背をつける)を鋳る時、湯が低温のため湯回りが不良となり光背ができないとアミダができないで、シャカに似たものになることに由来.
11	かみそり	かみそり	すべり案内面の面圧調整用のジブ、摩耗補正用としても使用する.くさび形の板形状に由来する名称.
12	かんな台	かんなだい	旋盤の刃物台.
13	きりん	きりん	重い物を上下または左右に動かすねじ仕掛の機械.万力、ジャッキ.大形丸ハンドル式のねじ式プレスの類.
14	げた	げた	位置決めや位置調整のときに、かさ上げするときのかいもの(支い物).
15	ケレ、ケレー、ケリ	けれ	回し金.英語のcarrierの訛り.
16	現合	げんごう	現物合わせ.すでに完成(加工)されたものに合わせて組立や加工を行うこと.

第2章

工作機械が動く仕組み

8 工具・工作物が正確に回転する仕組み

工具・工作物を回転させる主軸が必要

工具が正しく回らないと、加工面品位が低下してしまいます。一方、工作物が正しく回らないと、正確な円筒形状面ができないことになります。

工作機械の主軸には、主として、二つのタイプがあります。一つは、工具を把持して回転するタイプで、もう一つは工作物を把持して回転するタイプです。**図1**(a)は、工具を回転させる主軸です。工具はフライス加工を行う機械では、ツールホルダという工具取付具を介して、主軸に取り付けられます。研削加工を行う機械では、工具である砥石が砥石フランジや砥石軸クイルを介して主軸に取り付けられます。同図(b)は、工作物を回転させる主軸です。工作物はチャックを介して、主軸に取り付けられます。

最近の主軸は、無段変速のサーボモータと変速機構により必要な速度で回転する構造となっていますが、高速回転する主軸が必要なときは、さらにこの変速装置をなくして、モータ軸が主軸となったビルトインモータ駆動方式が多く使われるようになってきています。

主軸の性能を大きく左右しているのは、主軸を支えている軸受(じくうけ)です。軸受に必要とされている性能としては、回転精度、剛性(力がかかった時の変形のしにくさ)、高速回転性、減衰性、寿命、負荷の容量と負荷を受けられる方向(半径方向、軸方向)、摩擦損失、保守性、コストなどです。工作機械では、**図2**に示すように、各種の軸受が、その目的に応じて使い分けられています。転がり軸受は、剛性、負荷容量、保守性、コストなどに優れ、回転数、精度もそれなりに高くできるので最もよく使われています。精度が重要視される場合は、油静圧あるいは油動圧軸受、空気静圧軸受が用いられます。磁気軸受は、超高速回転が可能で、非接触のため、寿命が長く、電気的な制御が行いやすいことから、将来の軸受として期待されています。

要点BOX

- ●主軸の性能を左右するのは軸受
- ●転がり軸受が最もよく使われる
- ●磁気軸受は、将来の軸受として期待されている

図1　工具・工作物が正確に回る仕組み

(a)工具を回す主軸

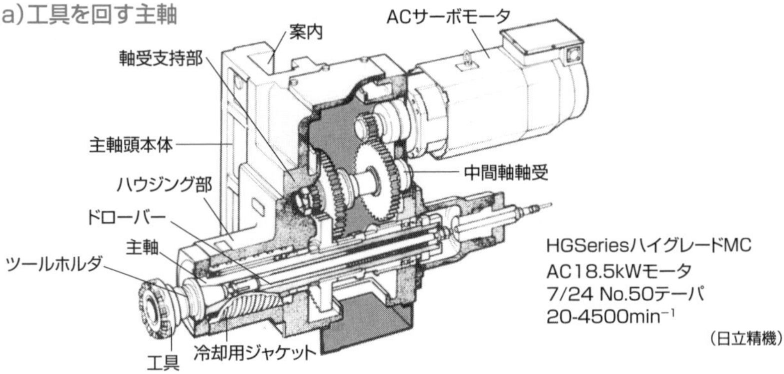

(b)工作物を回す主軸

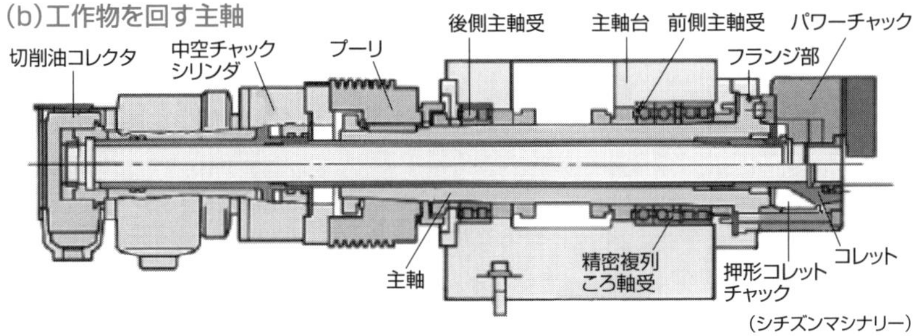

図2　主軸を支える各種軸受

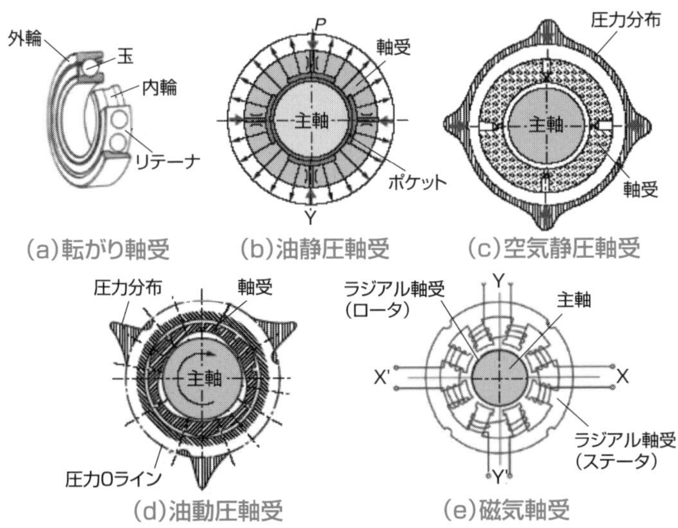

9 テーブルが正確に回る仕組み

工作物が大きい時と小さい時のテーブル回転の仕組み

円盤状で、直径が大きい工作物は、心押台（しんおしだい）で支えることもできないため、水平の主軸に工作物を支持して加工することが困難になります。そこで、**図1**のように、工作物は、普通旋盤とは異なり、テーブル上に設けたT溝と工作物取付け用の爪を用いて、テーブル上に固定され、加工されます。このような方式は、大形の立て旋盤で多く採用されています。このようにすることで、大形の工作物も、水平な回転テーブル上に安定して取り付けることができるので、工作物の把持精度、主軸への負担も軽減され、より高精度な加工が可能になります。

この例では、テーブルは、主軸とベッド間に配置されたラジアル転がり軸受により半径方向に案内されて回転します。また、テーブル重量は、テーブルとベッド間に配置されたスラスト転がり軸受により案内支持されます。この軸受の代わりに、滑り軸受や静圧軸受なども用いられます。

図2は、このようなテーブルの駆動機構を示しています。機械とは独立に設置したモータからの動力をプーリ、変速機構を介して伝達して、回転させる方式が取られています。このようにすることで、モータからの振動や熱を遮断して、高精度な加工を可能にしています。

また、工作物が大きくなくても、円筒面加工を行う機能をもつ5軸制御マシニングセンタなどでも、小形のテーブルが回転する機能を持っています。この場合には**図3**に示すような駆動方式が採用されています。これまでは、同図(a)のようなウォームギア駆動方式が採用されてきましたが、同図(b)のような、直接モータで駆動するダイレクトドライブモータ駆動方式が採用されるようになってきています。これによれば、ウォームギアのバックラッシやピッチ誤差の影響をなくすことができ、高精度な回転運動が実現できます。

要点BOX

- ●大きなテーブル回転には変速機構が必要
- ●小さなテーブル回転には、ウォームギア駆動やダイレクトモータ駆動が使われる

図1　大型工作機械のテーブル回転案内機構

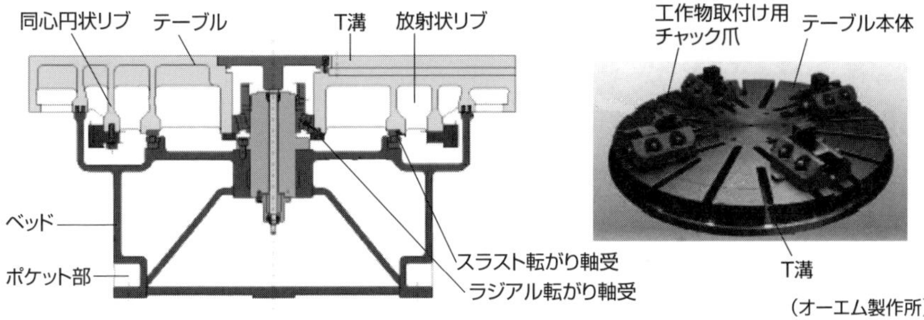

（オーエム製作所）

図2　大形工作機械のテーブル回転駆動機構

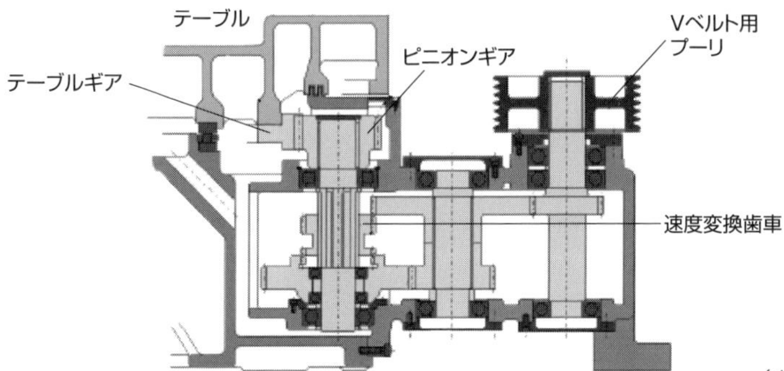

（オーエム製作所）

図3　中小形MC用回転駆動機構

(a)ウォームギア駆動方式

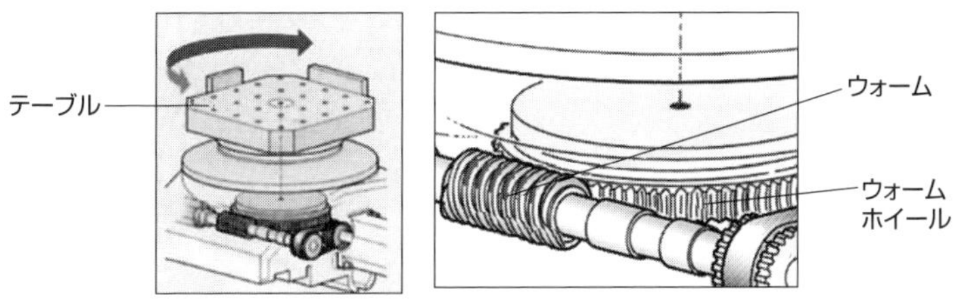

(b)ダイレクトドライブモータ駆動方式

（DMG森精機）

10 工具・工作物がまっすぐ動く仕組み

正確に直進運動を行うための駆動方式と案内方式

工具・工作物が、正確に直進運動を行わないと、工作物に必要とされる平な加工面が得られず、製品の品位・機能が低下してしまいます。したがって、正確な位置決めを行うための駆動方式と、まっすぐ運動させるための案内方式が重要となります。

工具や工作物が主軸頭やテーブルとともに直進運動を行う機械では、一般的に、**図1**(a)に示すようなボールねじ駆動方式が多く使われます。基本的には、モータの回転をボールねじに伝え、ボールナットを介して主軸頭やテーブルを直進運動させる仕組みです。制御装置から、モータに必要な回転指令を与えるとモータは回転し、ボールねじ、ナットを介して、テーブルが移動します。その移動位置と速度を、モータの回転角あるいは、テーブルの移動量としてスケールで検出し、その検出値を指令値と比較して、運動を制御します。

ここで使われるボールねじは、同図のように、円弧断面形状のねじ溝のついたねじとナットで構成される円形溝を鋼球が循環する構造になっています。また、予圧もかけることができますので、滑りねじに存在するような隙間（バックラッシ）を無くすことができ、高精度な位置決めが可能になります。最近は、この位置決め精度と駆動系の剛性を高めるため、図1(b)に示すようなリニアモータが用いられるようになってきました。図に示すように、ねじやナットなどの機械要素が無いため、スペースも小さくできるとともに、高速運動時の騒音などの問題も緩和されます。

案内としては、**図2**に示すような各種の案内方式が使われています。昔から採用されているのは、滑り案内ですが、最近は、転がり案内がよく使われています。この案内も、先のボールねじと同様、図(b)のように、案内レールとスライドユニットの間に鋼球を介在させて、摩擦抵抗を小さくする方式で、容易に運動精度を高めることができます。

要点BOX
- ●正確な位置決めを行うための駆動方式
- ●まっすぐ運動させるための案内方式
- ●リニアモータが用いられるようになってきた

図1　直進駆動機構

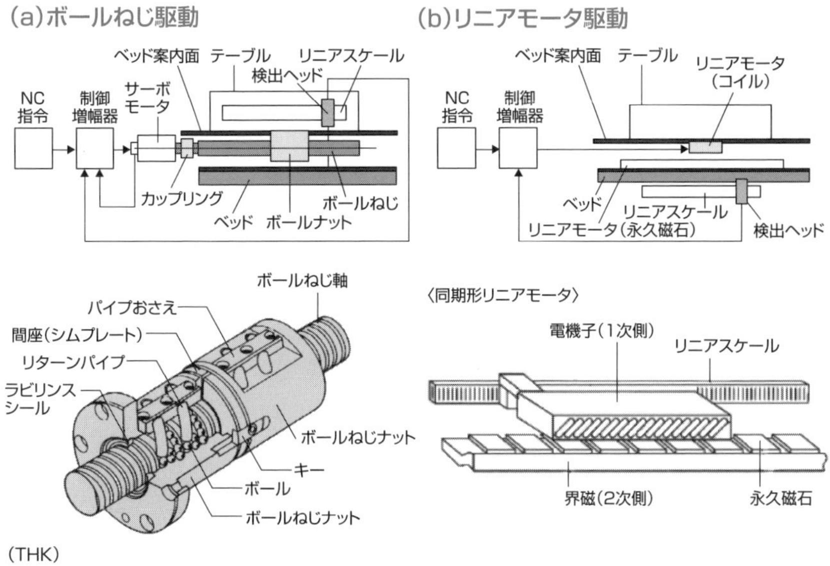

(a)ボールねじ駆動
NC
指令
制御
増幅器
サーボ
モータ
ベッド案内面
テーブル
リニアスケール
検出ヘッド
カップリング
ベッド
ボールナット
ボールねじ
(b)リニアモータ駆動
NC
指令
制御
増幅器
ベッド案内面
テーブル
リニアモータ
(コイル)
ベッド
リニアスケール
リニアモータ(永久磁石)
検出ヘッド
ボールねじ軸
パイプおさえ
間座(シムプレート)
リターンパイプ
ラビリンス
シール
ボールねじナット
キー
ボール
ボールねじナット
(THK)
〈同期形リニアモータ〉
電機子(1次側)
リニアスケール
界磁(2次側)
永久磁石

図2　案内の種類

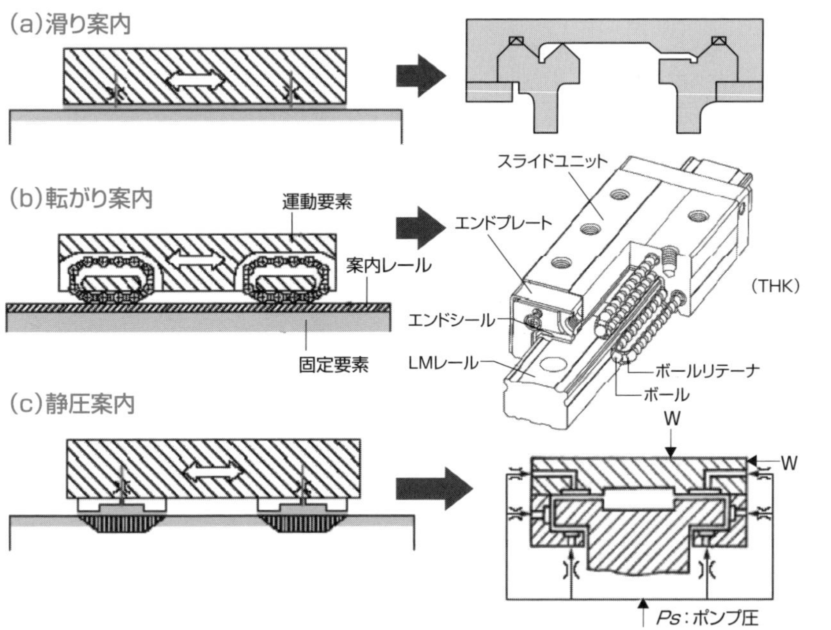

(a)滑り案内
(b)転がり案内
運動要素
案内レール
固定要素
スライドユニット
エンドプレート
エンドシール
LMレール
ボールリテーナ
ボール
(THK)
(c)静圧案内
W
W
Ps:ポンプ圧

11 工具を自動交換する仕組み

自動工具交換装置とツールマガジンで構成

マシニングセンタという工作機械は、同一機械上で、各種加工を行うため、必ず工具を自動交換する必要があり、**図1**に示すような自動工具交換システムを装備しています。この自動交換システムは、以下の二つの要素から構成されています。

①自動工具交換装置（ATC）：割り出されたツールマガジン内の工具と主軸にある加工を終えた工具を交換する機構

②ツールマガジン：各種工具を収納しておき、NCプログラムより必要な工具が指示されると、工具交換に必要な位置にツールマガジン内のツールポットを割り出す装置

自動工具交換装置（ATC）は、加工中に必要な工具をツールマガジンから自動的に取り出し、主軸に装着するとともに、加工を終えた工具を主軸から取り外し、ツールマガジンに戻す動作を繰り返し行う役割を果たしています。ATCには、多くのタイプが存在しています。大きくは、アームタイプとアームレスタイプがあります。アームタイプには、シングルアームタイプと図1に示したようなダブルアームタイプがあります。アームレスタイプには、ツールマガジンが主軸にアクセスするものと、主軸がツールマガジンにアクセスするものがあります。これらは小形の機械で、高速交換を可能にしています。

一方、ツールマガジンには、収納工具本数や交換速度の要求により各種構造形態のものが開発されています。配列形式と配置の位置により各種構造形態のものが存在しています。配列形式としては、**図2**に示すように、円形配列、楕円形配列、ジグザグ配列、マトリックス配列、多列配列など、各種のものが存在しています。工具本数が多く、200から400本にも及ぶ場合には、マトリックス配列が採用されます。また、配置形式としては、主軸ヘッドの上部や下部、コラム側面、別置きなどがあります。

要点BOX

- ●マシニングセンタは自動工具交換システムを装備
- ●ツールマガジンの配列方式は、工具本数により、変わる

図1　ダブルアーム式ATC（牧野フライス製作所）

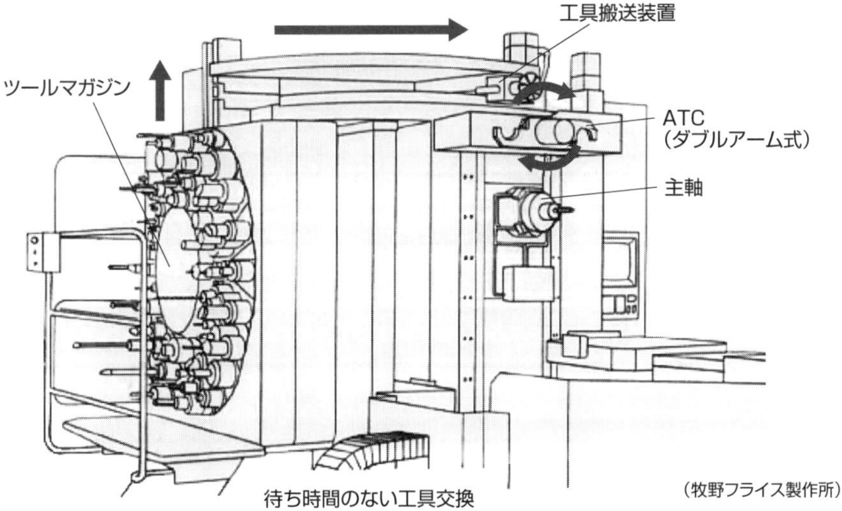

（牧野フライス製作所）

図2　ツールマガジンの配列形式

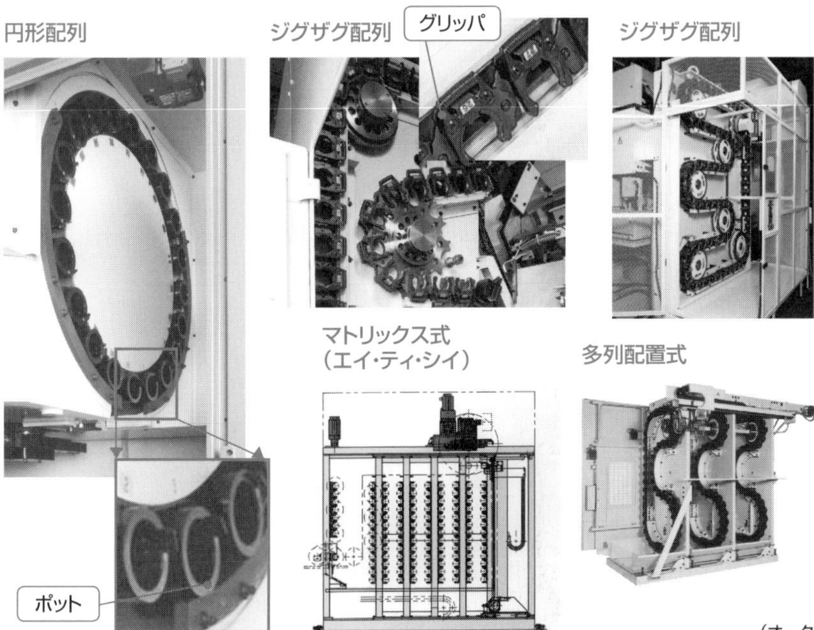

（オークマ）

12 工作物を自動交換する仕組み

自動パレット交換装置とパレット格納装置で構成

マシニングセンタ上で加工される工作物は、異形状のものや、大きなものが多く、これらの取付けには、時間と労力が必要です。この作業を、工作物ごとに機械上で行っていたのでは、実際に加工できる時間が少なくなってしまいます。

そこで、あらかじめ工作物を各種取付具を用いて、パレット上に取り付けておき、パレットごと機械のテーブルに装着する方法が採用されています。そして、このパレットに取り付けられた工作物を加工している間に、もう一つ別のパレットに別の工作物を取り付けて、次の加工のために準備をしておきます。これにより、加工が終了したパレットと、準備済みのパレットを交換すれば、加工終了後、すぐに次の加工に移ることができるので、非加工時間を削減できることになります。この際のパレットの交換をNC装置の指令により自動的に行うのが、**図1**の自動パレット交換装置（APC）です。

自動交換装置には、シャトルタイプ、水平旋回タイプ、垂直旋回タイプなど、多くの形式があります。長時間の無人加工を可能にするためには、工作物を取り付けたパレットを必要な数だけ待機させておき、工具と同じようにNC装置の指令により選択して、自動交換位置に割り出す、**図2**のようなパレット格納装置（プール、マガジン、ストッカなどとも呼ばれる）もあります。これには、旋回台式、チェーン式、単層直線、スタッカ直線式などがあり、格納パレット数により使い分けられています。

また構造形態としては、図のように旋回台方式でも水平形のものと、より多くのパレットが収納可能な立体形のものがあります。

一度セットすれば、各種の加工を行えるマシニングセンタの無人化、省力化のためには、自動工作物交換システムは必須の装置といえます。最近は、この自動交換をロボットに行わせるシステムも登場しています。

要点BOX
- ●NC装置の指令により自動的に行う
- ●長時間の無人加工を可能にする
- ●次のパレットを準備しておく

図1　自動パレット交換装置(APC)

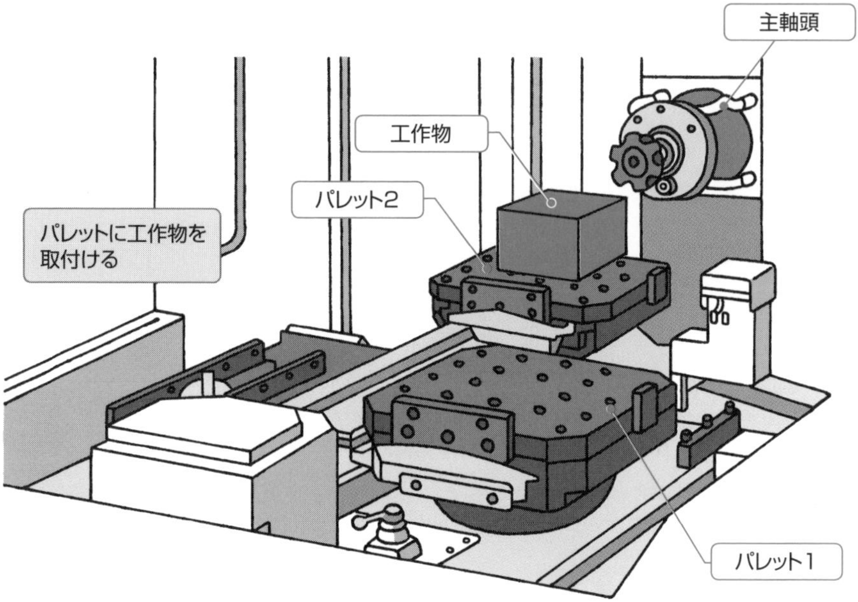

図2　パレット格納装置

(a)平面形パレットマガジン

(b)立体形パレットマガジン

(牧野フライス製作所)

13 工作機械の制御装置

各種の制御指令を数値情報として入力する

工作機械の制御を行うための装置を数値制御（NC）装置と呼んでいるわけですが、その数値制御の定義については、日本工業規格（JIS B 0181）には、以下のように述べられています。

「工作物に対する工具経路、加工に必要な作業工程などを、それに対応する数値情報で指令する制御方式であり、工作機械に必要な運動を行わせるための情報を、数値情報として入力する必要があります。

しかしながら、最近では、マイクロプロセッサの進歩に伴い、NC装置にコンピュータ機能が搭載されるようになり、全ての指令を数値情報として与えなくても、コンピュータの演算機能により、加工に必要な数値情報を発生できるようになりました。このため、NC装置のことをCNC（Computerized Numerical Control）装置と呼ぶこともあります。

図1は、NC装置の基本構成を示しています。基本的には、数値演算部、サーボ制御部、シーケンス制御部、表示制御部から構成されています。数値演算部では、各制御部の監視をはじめとして、CNC装置全体の管理を行っています。サーボ制御部では、主軸や送り駆動機構で使われているサーボモータの回転位置、回転速度、電流を制御するための演算を高速に実行し、サーボアンプへ必要な指令を出しています。シーケンス制御部では、各種周辺機器、センサなどの制御を高速で行っています。表示制御部は、オペレータとのインタフェース機能である各種操作機能、プログラム作成・編集機能などの役割を果たしています。

NC装置の基本的な機能としては、表1に示すように制御軸と同時制御軸数、最小設定単位、送り指令、補間機能、工具補正機能、工具選択機能、各種補助機能などがあります。最近は、同時に制御可能な軸数が増えており、同時5軸制御の機械が活躍しており、5軸のマシニングセンタやターニングセンタが複雑形状部品の加工に使われています。

要点BOX
- ●NC装置のことをCNC装置と呼ぶこともある
- ●数値演算部、サーボ制御部などから構成
- ●同時に制御可能な軸数が増大している

図1　NC装置の基本構成

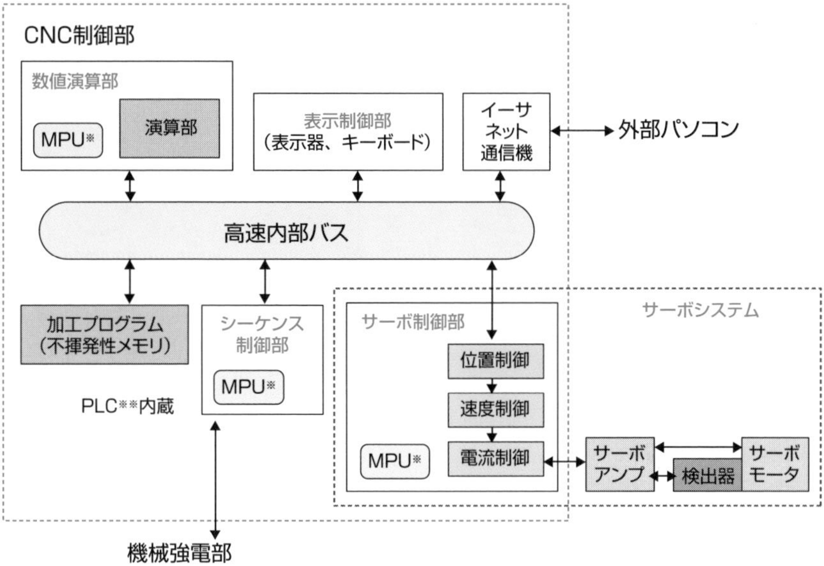

※MPU：超小形演算処理ユニットのことで、ここでは大容量の半導体メモリ、CNC用に開発された各種専用LSI(大規模集積回路)が使用されている。
※※PLC：Programmable Logic Controller(プログラマブルロジックコントローラ)、シーケンサとも呼ばれる。

表1　NC装置の基本的な機能

機能	具体的種類
制御軸	X、Y、Z、A、B、C、U、V、Wなど
同時制御軸数	3軸、5軸、6軸
最小設定単位	1μm、0.1μm、0.001μm
送り指令	毎分送り、毎回転送り
補間機能	直線、円弧、ヘリカル、極座標、円筒、インボリュート、円錐、渦巻き、放物線
工具補正機能	工具長、工具径、工具位置、刃先R
主軸制御機能	周速一定、同期、差速、速度比一定、リジッドタップ
工具選択機能	工具選択･交換機能、工具寿命管理機能、工具情報管理システム機能
固定サイクル	ねじ切り、自動切削分割
カスタムマクロ	ユーザ独自の加工サイクル作成機能
計測機能	スキップ機能、工具補正量、ワークオフセット量
5軸加工機能	工具先端点制御、傾斜面加工指令、工具側面オフセット、工具姿勢制御
複合加工機能	旋盤+ミリング機能、MC+旋削機能
高精度化機能	補間前加減速、加速度、加速度制御、送り速度クランプ、ナノ補間、ナノスムージング

14 図面情報の流れとNCプログラムの仕組み

図面情報がどのように制御情報信号に変換されていくか

図1は、図面情報から製品がつくられるまでの情報の流れを示しています。基本的には、図面情報から加工情報へ変換する、その加工情報をNC装置へ入力する、そして、その入力された情報を制御情報信号に変換して工作機械に伝送するプロセスがあります。図面から加工情報へ変換するには、図面から人間が直接キー入力することによりプログラムを作成するか、CADシステムより自動プログラミング装置に図面情報を入力して、加工プログラムを作成するか、CAD／CAM装置を用いて、CAD情報から直接的に加工プログラムを作成する方法などがあります。自動プログラミング装置やCAD／CAM装置で作成されたプログラムは、USBやメモリカードなどの記憶媒体を用いたり、インターネットの通信機能を用いたりして、NC装置に送られます。入力された加工情報は、NC装置内部のメモリに記憶され、加工時に読み出されて、使われます。

人間が直接プログラムをNC装置に入力する方法としては、オペレータが加工プログラムを作成して、マニュアルで入力する方法と、必要な加工データを入力するだけで加工プログラムを発生できる対話形プログラミング機能を用いる方法があります。

図2は、加工プログラムの事例です。指令は、アルファベットと数字で表されています。準備機能（アルファベットのGが使われます）は、位置決め送り方式、補間方式、工具補正機能などの指令が可能であり、補助機能（Mが使われます）は、プログラムの終了、主軸のON／OFF、クーラントのON／OFF、工具交換などの指令が可能です。また、主軸機能（Sが使われます）では主軸速度の設定が、工具機能（Tが使われます）では工具の指定が可能です。

このようなプログラム1行をブロックといいます。一つのブロックは、**図3**のような構成をしています。

要点BOX

- ●図面情報から加工情報へ変換する
- ●その加工情報をNC装置へ入力し、その情報を制御情報信号に変換して工作機械に伝送

図1　製品がつくられるまでの情報の流れ

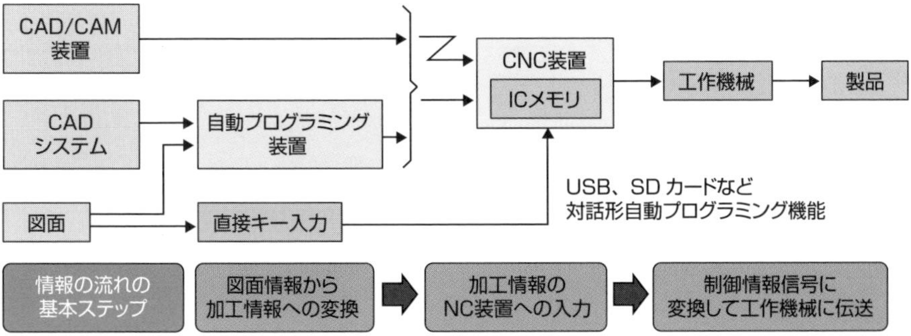

図2　加工プログラムの例

O1000	プログラムNo1000
G92 X-10.0 Y0 Z100.0	工具スタート点を設定
S800	主軸回転数800min^{-1}に設定
M03	主軸起動
M08	切削油ポンプON
G17	XY平面で動作することを指定
G91	インクレメンタルでの動作を指定
G00 X20.0 Y10.0	早送りでX20mm、Y10mm動く
G18	XZ平面を指定　Z方向に動くため
Z-90.0	早送りでZ-90mm
F200	切削速度を指定　毎分200mm
G01 Z-15.0	毎分200mmの速度で切り込む
G17	XY平面で動作することを指定
X60.0	X60mm
Y20.0	Y20mm
G03 X-20.0 Y20.0 R20.0	半径20mmの1/4円加工
G01X-40.0 Y-20.0	斜め部分を加工
G00 Z105.0	工具を上方へ戻す
X-20.0 Y-30.0	工具スタート点に戻る
M09	切削油ポンプOFF
M05	主軸停止
M30	プログラム終了　リセット

(FANUC)

図3　加工プログラムブロックの構成

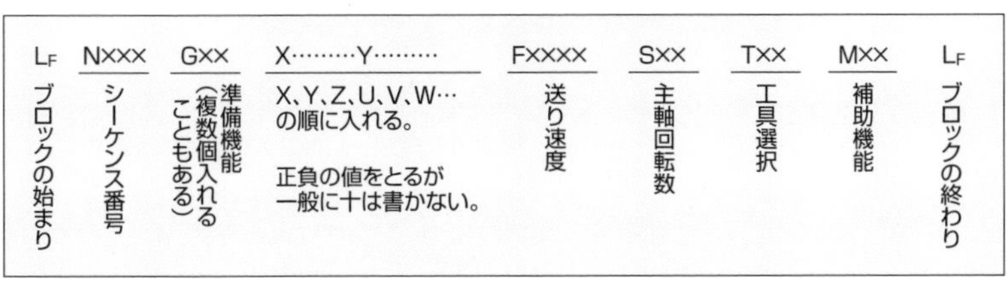

(FANUC)

Column

知って得する現場用語②

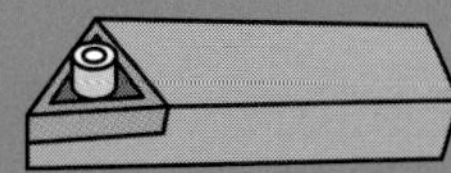

No.	用語	読み	意味
17	ささっぱ	ささっぱ	笹葉きさげ、先端が笹の葉の形状をしたきさげ工具.
18	サス、SUS	さす	ステンレス鋼SUS304などの材料記号の略.数字部分を省略した呼称.
19	さちる	さちる	飽和する.英語のsatulateより.
20	しゃこ万	しゃこまん	C形クランプ
21	しょう	しょう	参照する基準、基準面.「中心線をしょうにして寸法をとる」などと使う.証、仕様、正のいずれか.英語はreference(参照基準).
22	正直台	しょうじきだい	平行台(parallel block).工作物の下に置いたり、かさ上げしたりするときに使う.2個1組であり、高さ寸法が正確に同一の焼入れされたプレート.形状の類似から、俗に「ようかん」ともいう.
23	すきみ	すきみ	すきまゲージ.すきまの大きさを測る薄板状の基準ゲージ.板厚の異なるものをすきまに順次挿入し、どの程度のすきま量かを知るために使う.
24	スコヤ、スケヤ	すこや	直角定規.英語のsquareより.
25	捨て座、捨てボス	すてざ	鋳造部品に意図的に設けるもので、その箇所をはじめに切削加工して他の加工箇所の基準とする座やボスのこと.これらは部品の機能にはなんら影響がなく、加工段階でのみ必要となるため、このような名称で呼ばれる.
26	ステン	すてん	ステンレス鋼の略.
27	ストレッチ、ステレッチ、ストレッジ	すとれっち	直定規、ストレートエッジ.英語のstraight edgeより
28	ずぶ焼	ずぶやき	全体焼入れ.ずぶは「總ぶ(すぶ)」の転訛か、あるいは「ずぶぬれ」の「ずぶ(はなはだしく)」か.
29	セコ、セコハン、せこはん	せこ	中古、お古.英語のsecond handの略.
30	センタポンチ	せんたぽんち	穴の中心や目印となる主要な点に印を付けるための工具.けがき作業用工具の一種.
31	ダライ粉	だらいこ	主として旋盤から出る切りくず.転じて鋳物の切りくず.
32	タレパン	たれぱん	タレットパンチプレスの略.打ち抜き用塑性加工機の俗称.
33	つかみしろ、把持しろ	つかみしろ	切削工具を工具ホルダに装着するときの工具シャンク部の取付長さ.エンドミルなどでは直径をdの記号で表して、「2d以上が必要」などと表す.
34	つらいち	つらいち	①隣り合う2面を同一高さの面に揃えて組立てること、つら(面)を1つにする意. ②端面を一致させること.

第3章 工作機械に求められる特性

15 工作機械に働く力の種類と特質

工作機械に作用する力は微小な変形や変位の原因に

工作機械に力が作用すれば、ミクロンオーダーの微小な変位や変形が生じ、これらは加工精度に大きな影響を及ぼします。このため、工作機械では変形や変位が生じないように、あるいは生じてもその影響を小さくするような構造設計が行われます。

工作機械に働く力には**図1**の静的な力と動的な力があります。(a)に示した純粋な静的力は、作用する方向と大きさが時間的に変化しない力であり、これに近い準静的力は時間的な変化が緩やかな力です。(b)の動的な力は、大きさや方向が時間的に変動する(振動する)もので、両振りと片振りがあります。動的な力は周期的またはランダムに変動します。さらに、図1のいずれの力も、その作用の仕方から、曲げ、ねじり、引張り・圧縮、せん断に分類されます。また、工作機械の停止状態でもすでに作用している力(重力・締付力)と、運転時や加工時に発生する力(遠心力・慣性力・熱応力など)に分かれます。

構成要素が大きい大形工作機械では、非稼動時でも各部の質量が重力変形を引き起こします。**図2**のような大形のクロスレールには、重力の影響で図中のように曲げ変形が生じます。この状態で主軸頭が左右に運動して工作物を加工すると、切削後の工作物表面は図中の凹形になり形状精度が低下します。実際の工作機械では、設計段階から重力変形が起こりにくくなる対策を施します。その他に、工作物や工具やジグ・取付具の質量が大きい場合にも重力の影響が現れ、加工精度の低下要因になります。

図3(a)は旋削の切削力とその3分力です。(b)のように切削力は加工開始とともに現れて工作機械構造中に伝わり、加工終了と同時に消失する特徴的な力です。切削力の静的成分は工作機械構造に弾性変形をもたらし、工作物の寸法や形状などの巨視的な精度に影響を与えます。動的成分は工作物表面のうねりや粗さなどの微視的な精度に影響を及ぼします。

要点BOX
- ●作用する力には静的な力と動的な力がある
- ●力の作用状態は曲げ、ねじりなどで異なる
- ●重力、切削力などは加工精度に影響を与える

図1　時間的変化による力の分類

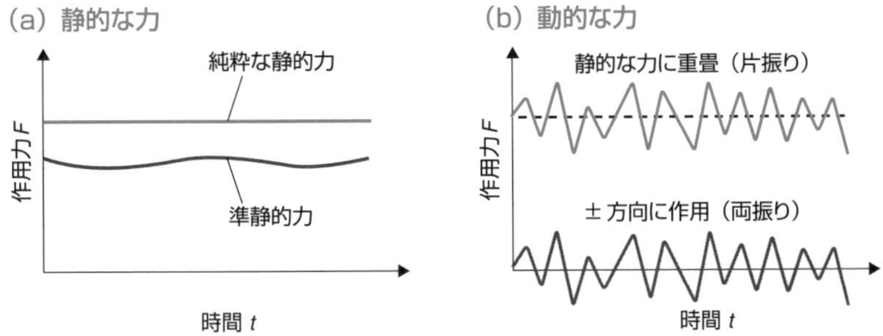

図2　重力の影響による加工精度低下の例

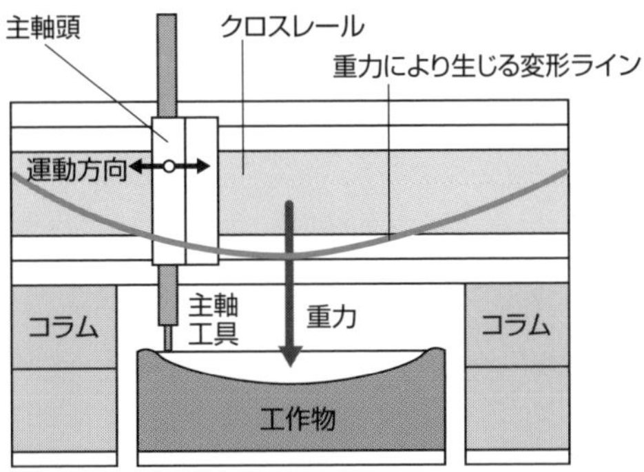

図3　加工中に作用する切削力とその影響

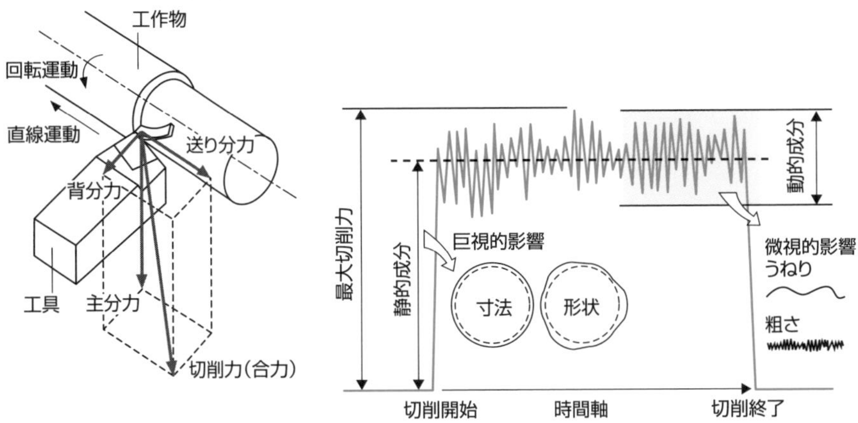

(a) 旋削時に生じる静的切削力　　(b) 切削力の静的成分と動的成分

16 静的な力による精度低下を抑制するためには

静剛性を高めるための設計上の工夫

加工精度の低下要因は静的な力による弾性変形にあるため、工作機械では静的な力が働いたときの構造要素の変形を極力小さくする剛性設計が行われます。静剛性の単位はばね定数と同じN／μmであり、静剛性が高ければ変形しにくいことを意味します。静剛性を高めるための設計上の工夫を紹介します。

図1は材質と長さが同じ片持ち構造です。断面寸法も同じ長方形ですが、荷重に対する配置方向が違います。ここで、曲げ荷重が働くときの剛性は「幅寸法」×「高さ寸法の3乗」に比例します。(a)と(b)の計算値を比べると、(b)の配置のほうが4倍も変形しにくいのです。この秘密は断面二次モーメントに由来します。もう少し詳しく説明しましょう。

図2の片持ち構造の曲げ剛性kは図中の**式**(1)で表せます。ヤング率Eは材料ごとの弾性を表す物性値です。工作機械の構造材料には造形性が高く、振動減衰能が炭素鋼より優れたねずみ鋳鉄が多用されます。従って、構造材料の変更はまれですので、Eを一定とみなせば剛性kは**式**(2)となります。ここで、長さℓにも変更がなければ、**式**(2)の剛性kは断面二次モーメントIに正比例します。このIは荷重方向と断面形状で定まるもので、先の図1のように変わります。このことから、Iを大きくするような断面形状の設計を行えば、静剛性を向上できます。

ところで、**式**(2)を見ると長さℓは剛性kの増減に3乗で効いています。例えば、断面二次モーメントIが同じならば、長さℓを半分にするだけで剛性を8倍($=2^3$)も高くできます。実際の構造設計では寸法制約があるため、倍半分という寸法変更は困難です。しかし、長さ寸法をできるだけ短くする試みも剛性向上のための工夫の一つです。

このほか、構造要素は内側に様々な部品を内蔵するため中空構造となり、中実構造より剛性が低下します。**図3**のリブ補強は剛性低下防止の工夫です。

要点BOX

- ●断面二次モーメントを大きくして剛性を高める
- ●長さ寸法を短くして剛性を高める工夫も必要
- ●中空構造ではリブ補強で剛性低下を防止する

図1　荷重に対する断面の配置方向の違い

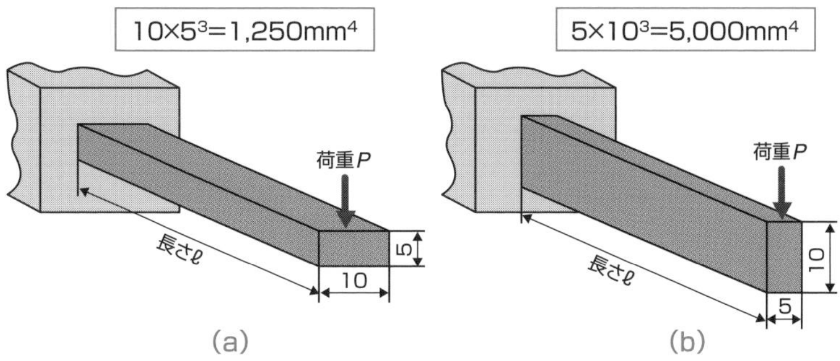

図2　片持ちはりの曲げ剛性

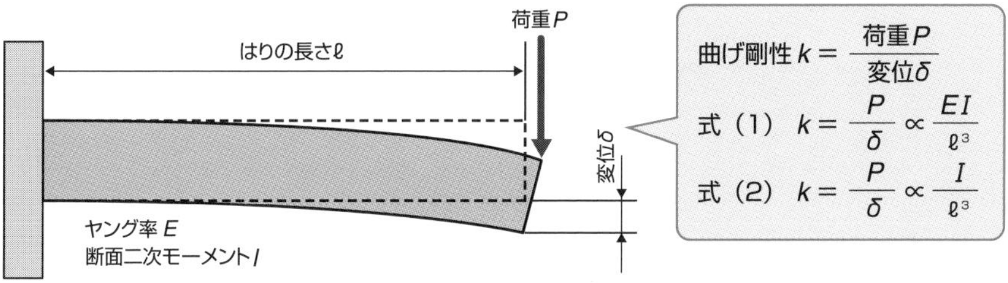

図3　コラム内壁に設けたリブ構造の例

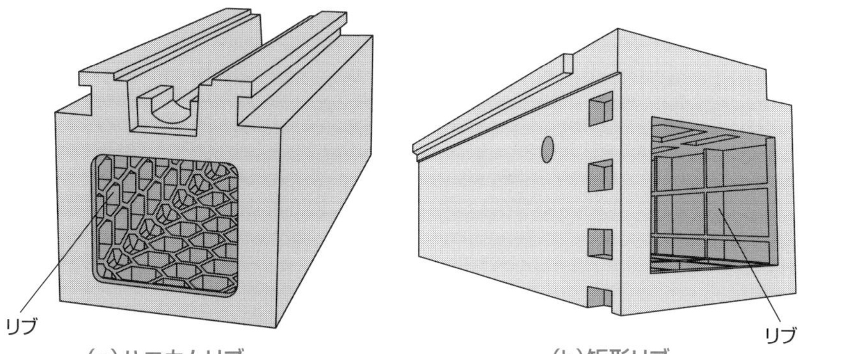

(a)ハニカムリブ

(AGMA VMC-2210P Bed Type Vertical Mills)

(b)矩形リブ

(P&K INTERNATIONAL LIMITED)

17 振動に強くするためには

動剛性を高めることが振動に強くなる

工作機械の振動には、切削時に現れる振動と、非切削時または非稼動時に存在する振動があります。また、振動源は工作機械の内部と外部に存在します。さらに、振動の性質には強制振動と自励振動があり、強制振動は振動源の動作時にのみ現れるものです。自励振動は、直前の振動履歴が原因となり、現時点の振動に影響を及ぼすものです。

工作機械では特に、切削中の振動が問題であり、振動が生じると工具刃先と工作物間に相対変位が現れます。このとき、**図1**のびびりマークのように、加工表面の品位だけでなく、寸法精度や形状精度までもが損なわれ、工作物の商品価値が失われます。このため、工作機械を振動に強くするためには、振動が生じたときでも動的な変位が小さいこと、つまり動剛性を高めることが基本であり重要です。静剛性の考え方に似ていますが、次のように違います。

動的な切削力を振動源と考えたとき、工作機械を最も単純な振動モデルで表すと**図2**のようになります。振動問題では力も変位も時間 t とともに変化すると考えます。この力と変位の関係を周波数領域に変換すると、動剛性が図中の式で定義されます。動剛性の逆数を動コンプライアンスと呼びます。動剛性を大きく左右しているのは構造系の質量 m、静剛性 k、減衰係数 c の三つのパラメータです。これらは固有振動数 f_n と減衰比 ζ を一義的に定めます。

動剛性を高める方法の一つは、工作機械構造系が動的な力の持つ振動数と共振しないようにすることです。このためには**図3**(a)の固有振動数 f_n を高める、つまり(b)のように質量 m を小さくするか静剛性 k を増大させます。他の方法は(a)の動剛性の最小値を高める方法で、(c)のように減衰係数 c を大きくします。減衰比 ζ も同時に大きくなり、振動減衰能が向上します。工作機械構造で採用されるねずみ鋳鉄は減衰能が高く、c の増大に寄与しています。

要点BOX
- ●質量、減衰係数、静剛性は振動特性を左右
- ●動剛性の値を大きくし固有振動数を高める
- ●ねずみ鋳鉄の採用は減衰能の向上に寄与

図1　びびりマークの例

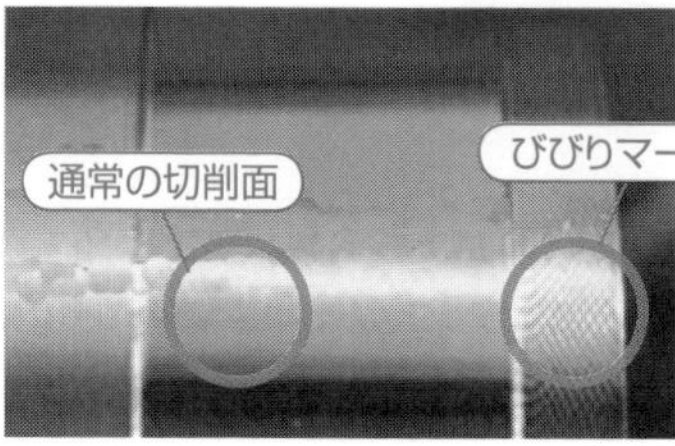

(ASME)

(a)旋削時のびびり

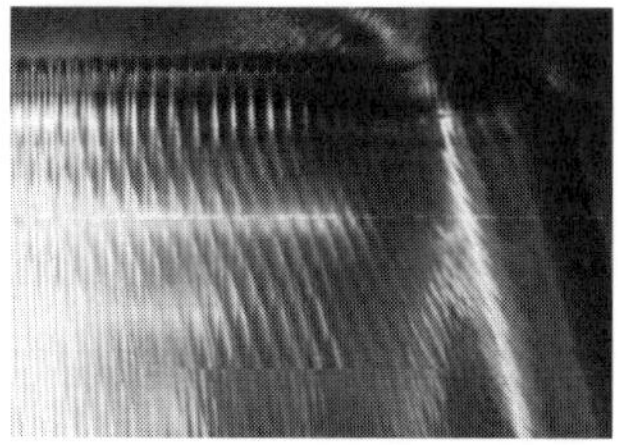

(PMPA)

(b)ボールエンドミル加工時のびびり

図2　工作機械構造系の最も単純な振動モデル

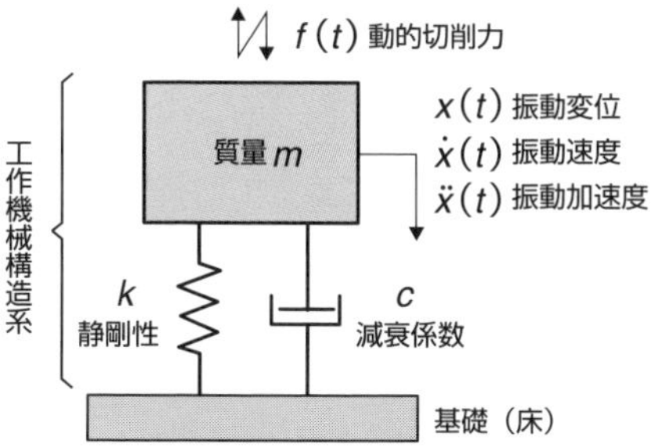

動剛性

$$G_s(f) = \frac{F(f)}{X(f)}$$

動コンプライアンス

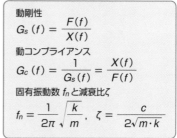

$$G_c(f) = \frac{1}{G_s(f)} = \frac{X(f)}{F(f)}$$

固有振動数 f_n と減衰比 ζ

$$f_n = \frac{1}{2\pi}\sqrt{\frac{k}{m}}, \quad \zeta = \frac{c}{2\sqrt{m \cdot k}}$$

図3　動剛性を高めるための基本的な設計原理

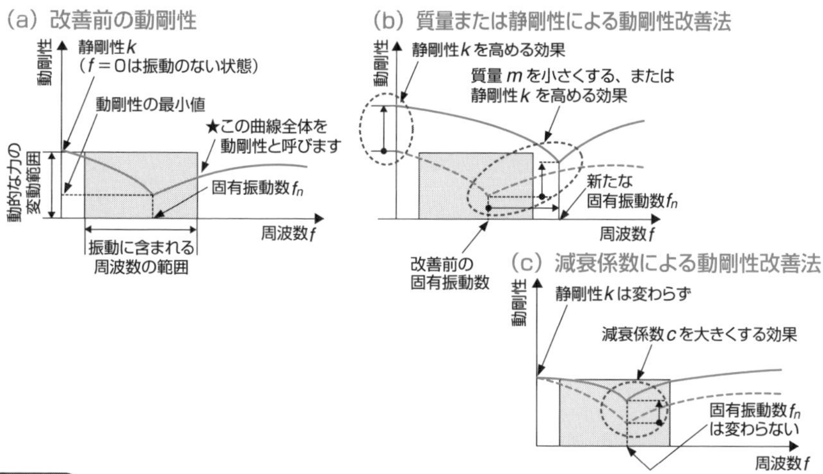

用語解説

びびり：加工中、工具と工作物間に不安定な相対変位が生じる振動現象。

18 熱に強くするためには

熱変形の発生に偏りがない構造設計が重要

工作機械の熱変形は加工精度の阻害要因の一つであり、図1に示す各種熱源により生じます。熱源を大別すると、機械の稼動に伴い生じる内部熱源と、機械の設置環境で影響を及ぼす外部熱源があります。例えば、図2の横フライス盤では、内部熱源として(a)の①軸受部～⑥切りくずを持ちます。外部熱源がない場合は、切削点側の発熱が大きく、(b)のようにコラムが後方へ反り返るようになります。他方、工場フロアで外部熱源として暖気や陽射しがコラムの背後から降り注ぐ環境では、(c)のようにコラムの背後が伸びるため、コラムが前方へ倒れます。

工作機械の熱変形モードは熱源の種類により大きく異なりますが、工作機械はいかなる熱源の影響を受けても、熱変形を最小に食い止める構造にする必要があります。特に、熱変形の発生に偏りがなく、単純に、均一に、対称になるよう構造設計上から配慮することも加工精度保証のために必要です。

個々の熱源の熱収支によって、工作機械構造中に生じる温度分布は不均一となり、個々の構造要素が不均一な熱膨張や熱ひずみを起こします。これらの積算したものが総合的な熱変形です。従って、工作機械を熱に強くするには、個々の構造要素に対する設計上の基本原理として、①長さ寸法を短くする、②熱容量を大きくまたは均等化して局所的な温度差を小さくする、③線膨張係数を小さくする、ことなどがあげられます。

最も基本的な熱変形対策は構造設計段階におけるものです。熱対称構造としたりプリロード（予荷重）付与構造とする熱変形フリー構造設計が本質的です。このほかに熱量抑制による低発熱化、局所的な温度分布や熱変形を抑制する熱遮断、鈍感化、遅延化もあります。図3のコラムの断面構造例では、案内面で生じた発熱が背面に伝わりやすい熱対称構造という観点から、EとIが優れています。

要点BOX

- ●工作機械の熱源には内部と外部がある
- ●熱変形は常に同じに起こるのではない
- ●熱変形を最小に食い止める構造設計

図1　工作機械の熱源

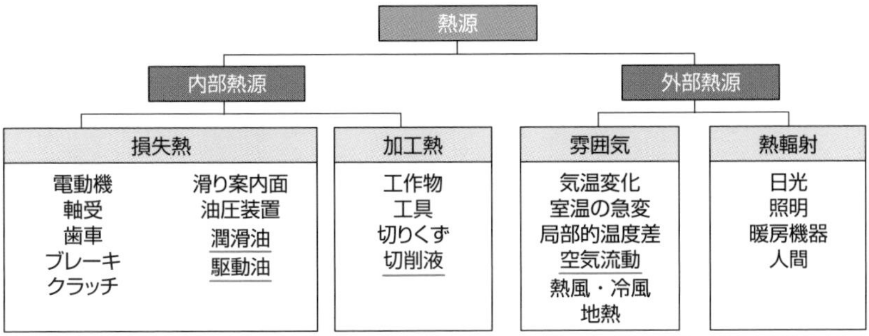

——は二次的な熱源を示す
（清水）

図2　熱源による熱変形モードの相違

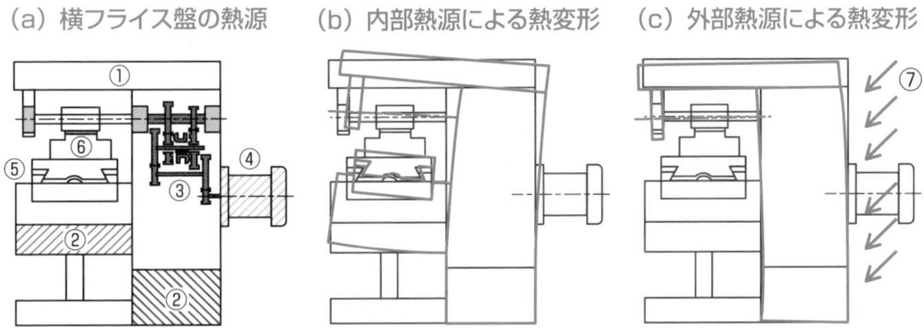

（MTTF）

主な熱源
①軸受部　②切削油タンク温度　③駆動機構部　④モータ部
⑤案内面の発熱　⑥切りくず　⑦外部熱源

図3　コラムの各種断面形状

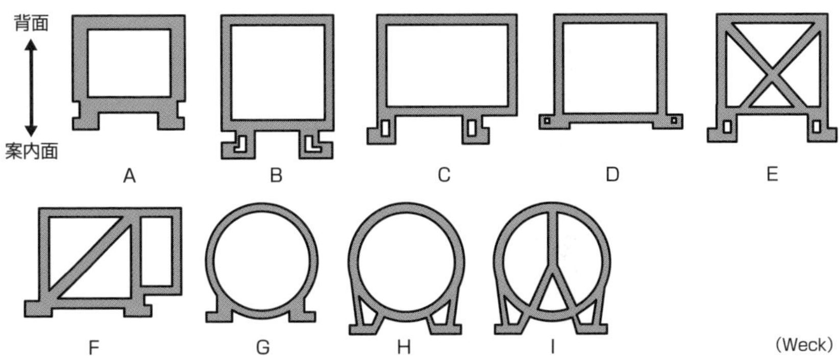

（Weck）

19 高い精度で動かすためには

運動誤差を極力なくす

工作機械は、刃物を介して工作物に自らの高い精度を正確に転写する使命を持ちます。このためには工具—工作物間に高精度な相対運動を達成する必要があり、テーブルや主軸などの運動要素が誤差のないほど高い精度で動かなくてはなりません。

構造要素の運動には回転と直進があり、誤差のない運動が理想です。しかし、誤差なく製造することは至難の業であり、ごく僅かな誤差が残ります。この誤差は運動誤差と呼ばれ、回転精度や運動精度の高さとは、運動誤差の量が小さい程度を指します。

図1は主軸などの回転軸に現れる空間的な運動誤差です。主軸は、回転軸を中心として空間的に静止した姿勢で回転し続けるのが理想的ですが、(a)と(b)の軸方向と半径方向の並進運動誤差と、(c)のような回転軸そのものが角変位する角度誤差が現れます。

図2はテーブルが直進運動するときの空間的な運動誤差です。テーブルがX軸方向に運動するとき、この方向の並進誤差を位置決め誤差と呼びます。Y軸とZ軸方向の並進誤差は真直度になります。これらの誤差に加えて、X、Y、Zの各軸回りにはロール、ピッチ、ヨーの角変位が現れ、角度誤差になります。つまり、テーブルの使命はX軸方向に正確にまっすぐ動くことですが、空間的には位置決め誤差以外に五つの運動誤差を伴う可能性があるのです。

回転運動でも直進運動でも、運動要素は空間的に並進と回転の6方向に自由に動けます。これを「運動の6自由度」と呼びますが、軸受や案内面は自由度のうちのいくつかを拘束する役割を持っています。

ところで、個々の構成要素の精度が高いことは、高い運動精度や回転精度を実現する上での前提条件です。このため、直角度、平行度、真円度などは、構成要素の精度を確保するための誤差項目（幾何学的偏差）であり、設計段階で考慮されます。また、構成要素の製作時にも細心の注意が払われます。

要点BOX
- ●運動要素は空間的に運動の6自由度を持つ
- ●主運動以外の自由度を拘束して誤差をなくす
- ●構成要素の個々の精度が十分高いことが必要

図1　回転軸に現れる空間的な運動誤差

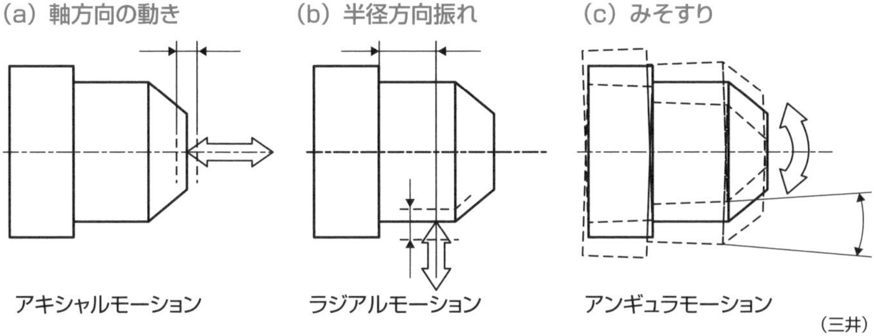

（三井）

図2　直進運動テーブルに現れる空間的な運動誤差

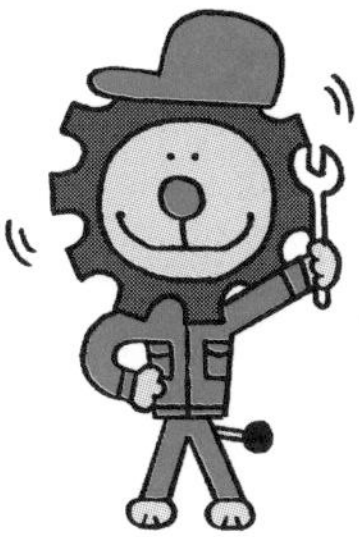

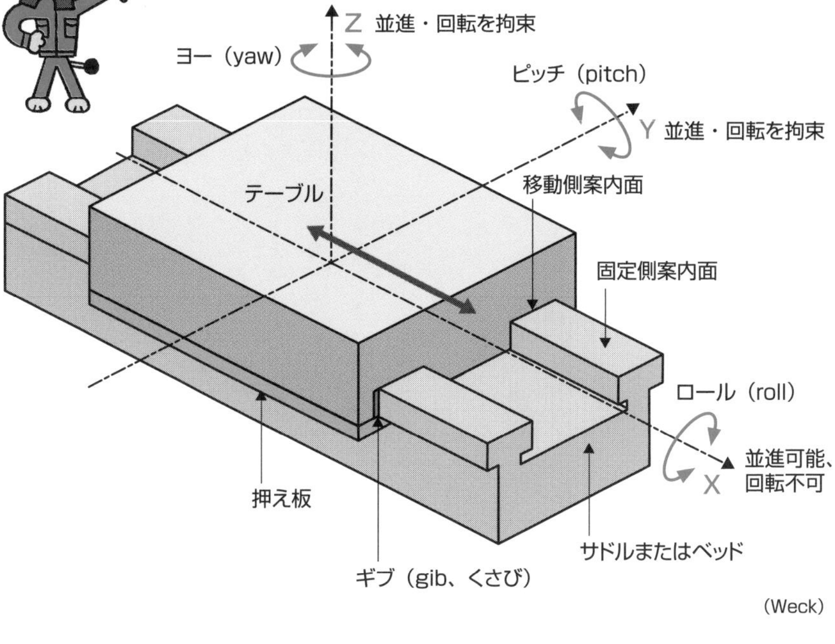

（Weck）

20 速く動かすためには

慣性への対応方法が決め手

工作機械を動かすメカニズムを駆動機構といい、主軸などの回転駆動系と、テーブルなどの直進駆動系があります。駆動機構を速く動かすためには、①運動要素の軽量化、②低慣性モーメント化、③起動・停止時間の短縮化、④相対運動要素間の低摩擦化・低摺動抵抗化、⑤高トルク化・高推力化、⑥低振動化・低騒音化、などが同時に要求されます。

図1のビルトインモータ形式の主軸駆動方式は、現在のNC工作機械では広く採用されており、主軸がモータの回転子となり、ハウジング側はモータの固定子を構成します。この駆動方式は、8の図1(a)と比べると、駆動用モータ、歯車、中間軸などを持たないため、慣性モーメントを小さく設計できます。その結果、高速な起動・停止が可能になり、主軸の高速化に欠かせない構造形式です。

直進駆動系では、**図2**のリニアモータ駆動方式が送り運動の高速化に貢献しています。10の図1(a)のボールねじ駆動では、モータからテーブルまでの間に各種の機械要素が介在します。このため、メカニカルな連結による誤差が累積しやすく、また慣性も大きくなり、ロストモーションという運動誤差を生じます。リニアモータ駆動では、テーブルやサドルが非接触で電気的に直接駆動されるため、余分な機械要素がない分、高速化に有利な構造となります。

NC装置における加減速制御方法も駆動機構の高速化に必要な技術です。**図3**(a)の台形加減速は、所望速度への到達時間が短いと駆動機構に大きなショックが現れます。(b)のS字形は、加速度を緩やかに制御します。最大加速度への到達は一瞬ですが、時間短縮のためには最大加速度を高める必要があり、台形の場合と同様にショックは大きくなります。(c)のアドバンストS字形では、緩やかな加速後、最大加速度を一定に制御し、所望速度到達前に減速します。ほぼショックレス状態で時間短縮が可能です。

要点BOX
- ●ビルトインモータ形式の主軸が高速化に貢献
- ●リニアモータが送り駆動系の高速化に貢献
- ●加減速制御方法も駆動機構の高速化に必要

図1　ビルトインモータ形式のマシニングセンタ主軸

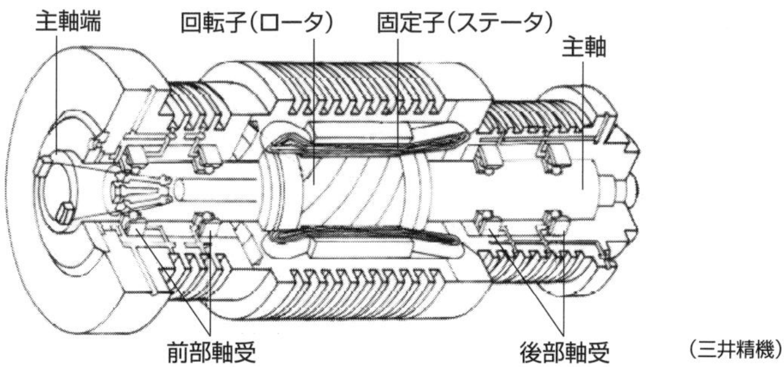

(三井精機)

図2　リニアモータ駆動方式の門形工作機械

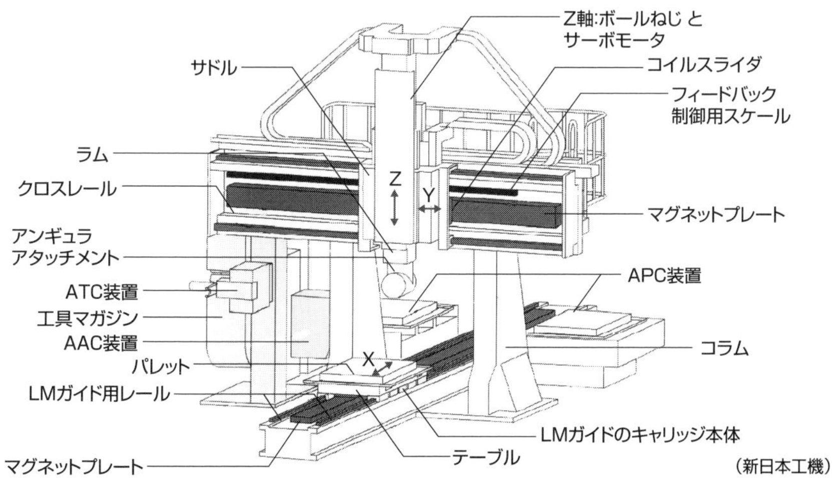

(新日本工機)

図3　加減速カーブの種類と特長

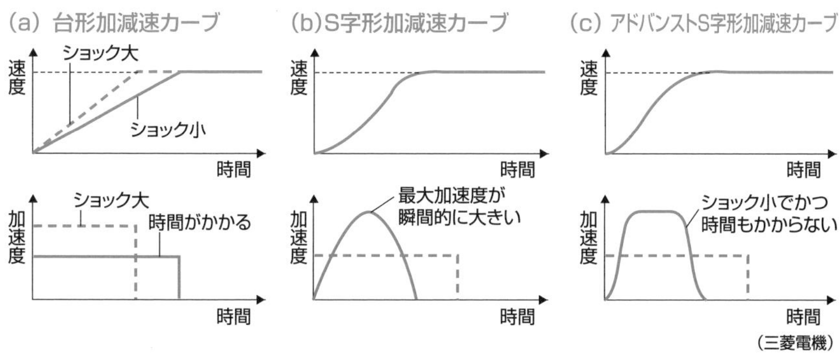

(三菱電機)

21 長い間使えるようにするためには

愛着を持って工作機械の世話をする

工作機械を長く使う上で第一に重要なことは、ユーザーが工作機械の面倒をよくみてあげることです。工作機械ではこれを点検や保守と呼び、故障を未然に防ぐ役割があります。特に、潤滑油や切削油の補給・交換に関する点検項目が多く非常に重要です。

図1の給油表の例を見ると、この機械は15カ所の点検が必要であり、その頻度は適時、毎日から最長2年ごとまでと非常に幅を持ちます。給油表を機械本体に銘板で図示してある工作機械も多く見られます。これらの給油箇所だけでなく、その他の組込機器についても定期点検項目がリストアップされています。例えば、NC装置のメモリバックアップ用電池の交換などもあります。使用機械のマニュアルを熟読して点検・保守を怠らないようにしましょう。

次に、ユーザが工作機械の寿命を縮めるような使い方をしないよう心がけることが重要です。特に、機械の切削能力を超えるような無理な加工条件を採用してしまうことが最も危険です。また、工作物や工具をバイスやジグ・取付具で固定する場合、締め忘れや締付不足があると、通常切削でもゆるみが生じ、機械を破損させるような大事故に至ります。さらに、工具や工作物にアンバランスがある状態で加工し続けたり、通常時でも非常停止ボタンや配電盤のブレーカで機械を停止したり、暖機運転を無視したり、機械内外の清掃を怠ったりすることも、機械の寿命を縮める要因です。日常的に指差呼称などでヒューマンエラーを回避することが必要です。

やはり最も大切で必要なことは、ユーザが愛着を持って工作機械の面倒をみることです。保守・点検、使用中・使用後の機械と周囲の清掃、作業工具や測定具類の整理・整頓、テーブルや案内面などの機能的に重要な箇所の防塵・保護・防錆などを日常的に心がけましょう。工作機械に対するユーザの配慮は、自らの安全作業の確保に結びつきます。

要点BOX
- ●工作機械には日常的な点検・保守が必要
- ●無理な使い方や危険作業を行わない
- ●使用環境の整理・整頓・清掃・清潔が大切

図1 CNC横中ぐりフライス盤の給油表の例

番号	潤滑箇所	油量(L)	給油方法	交換・点検・補給	JIS K 2001	JIS B 6016-1
1	Y軸摺動面、ボールねじ	4	自動潤滑	毎日点検 適時補給	ISO VG 68	G 68
2	X、Z軸摺動面、ボールねじ	4				
3	B軸摺動面	4				
4	油温調整機	35	循環	機械稼働後3ヵ月で油全量交換 6ヵ月ごとに点検	ISO VG 32	CKB 32
5	テーブル回転歯車箱	1	油浴			
6	テーブルのウォーム室	7		6ヵ月ごとに点検		
7	X、Y、Z、W軸軸受	適量	グリースガンにて10回程注入	2年ごとに補給		XBCEA 2
8	バランスウエイト用チェーン		塗布			
9	ATCマガジン駆動ギヤ			6ヵ月ごとに塗布		
10	ATCマガジン用チェーン					
11	ATCチェンジアーム出入部					※1
12	APC用LMガイド		ハンドグリース	6ヵ月ごとにグリース給油		XBCEA 2
13	APC用カムフォロア			1年ごとにグリース給油		
14	APC用チェーン		塗布	3ヵ月ごとにグリース給油		
15	APC用ローラ		ハンドグリース	6ヵ月ごとにグリース給油		

※1 二流化モリブデン (池貝)

作業工具や測定具の整理・整頓が大切

22 環境に優しくするためには

切削油の削減と代替がキーポイント

NC工作機械では、非加工時の待機電力を自動的に節電する機能が組み込まれています。例えば、一定の待機時間経過後に休止（スリープやサスペンド）する機能によって諸回路への給電を停止し、電力消費を抑えます。休止状態からの復帰にはレジューム機能が働き、休止前の作業を容易に再開できます。

一方、普通旋盤や立てフライス盤などの汎用工作機械では、非加工時でも油圧機器やモータが常に動作している（スイッチ・オンの）状態です。このため、待機時の消費電力を倹約するには、作業者によるきめ細かい電源管理が必要になります。

ところで、切削油の機能には、冷却、潤滑、溶着防止、防錆などがあり、使用により加工精度の向上や工具寿命の延長が得られます。しかし、NC工作機械の性能向上に伴うMRR（Metal Removal Rate、金属除去率、単位はcc/min）の飛躍的な増大とともに、切削油は切削熱と切りくずの排除に大量に使用されるようになりました。この結果、切削液供給装置やタンクの大形化と高圧化が進み、加工機に占める切削油関係のエネルギ消費割合が**図1**のように半分以上になりました。これは環境負荷低減と省エネの双方にとって好ましくないことでした。

そこで、油剤使用量の削減対策がドイツや日本を中心に開発され、**図2**のセミドライ切削とドライ切削というアプローチが考案されました。セミドライ切削の目的は油剤使用量の大幅な削減です。一方のドライ切削は、油剤使用量はゼロですが、冷風やドライアイスなどの油剤以外の供給媒体を用います。

図3は、図2の切削法の導入効果に関する調査結果です。最大の効果は油剤使用量の削減に現れ、油剤コストの低減にも反映されています。環境負荷低減も評価を受け、洗浄工程削減と同程度の第4位でした。その他の環境対策として、鉛レス化や塩素フリー化など、有害元素を排除する流れがあります。

要点BOX

- ●NC工作機械では節電機能は当たり前
- ●油剤使用量の削減が目的のセミドライ切削
- ●切削油剤を一切使用しないドライ切削

図1　切削油の大量消費によるエネルギ消費割合

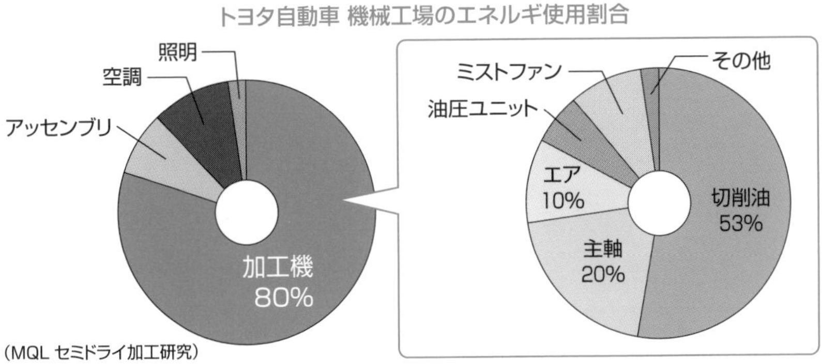

（MQL セミドライ加工研究）

図2　切削油使用量削減・代替のためのアプローチ

アプローチ	目的	供給媒体	備考
セミドライ切削 ニアドライ切削やMQL※セミドライ切削の呼称もある	切削油使用量の削減	水＋オイルミスト	• 水に冷却効果を期待 • オイル：10cc/h • 水：1000～1200cc/h
		水溶性オイルミスト	• 100～2000cc/h
		オイルミスト	• 高潤滑性植物油やエステル油を使用 • 通常切削：4～100cc/h • Al高速切削：100～200cc/h
ドライ切削	切削油使用量ゼロ、他の媒体で代替	冷風	• −30℃
		粉末ドライアイス	
		窒素	• マグネシウム加工に有望
		エアブロー	

（※MQL：Minimum Quantity Lubrication, 最少量潤滑）

図3　ドライ切削／セミドライ切削導入後の効果

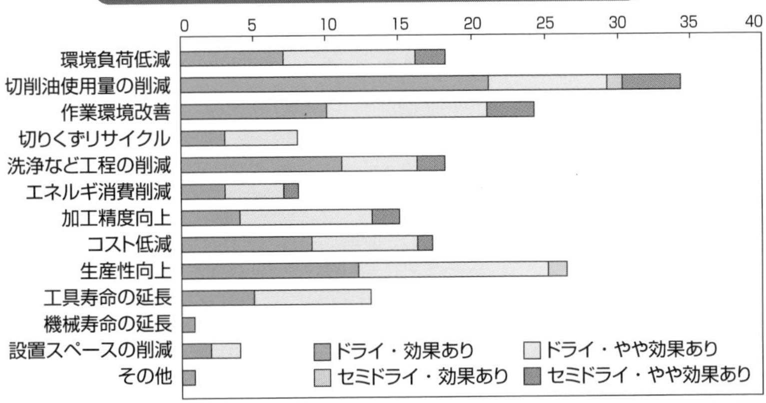

（三菱電機）

23 省スペース・コンパクト化を実現するためには

構造形態の見直しや発想の転換が重要

省スペースやコンパクト化を実現するために、構造形態の見直しによる設計が行われています。

図1はスラントベッド構造のNC旋盤です。この特徴は、ベッドの案内面が水平ではなく傾斜しています。高さ寸法はやや高くなるものの、奥行き寸法を短くできるため、同一の工場フロアに多数台のレイアウトが可能になり、省スペースに寄与します。同時に、傾斜により切りくずの排除性が良好となり、作業者の機械への接近性も向上します。

さらに発展した構造形態は**図2**の立て形CNC旋盤です。発想を転換して、回転中心軸を鉛直方向にし、機械のフロア占有面積を小さくしています。

図3は2台分の機能を1台に集約したCNC旋盤です。ほぼ1台分のフロアスペースで密度の高い旋削加工を行えます。2台が別々の工作物を削ったり、一つの工作物を主軸から主軸へ受け渡して正面と背面を順次削ったりとさまざまな加工形態を実現できます。

この旋盤は、1台分の機械としても機能するため、生産ロット数の増減にも柔軟に対応できます。しかし、複数の主軸頭とタレットを持つため、これらの構造要素と工具や工作物の相互干渉をチェックしてNCプログラムを作成する必要があり、機械の使いこなしには高度な熟練を要します。

コンパクト化のメリットは**図4**(a)の構造形態に見い出せます。主軸台と工作物取付用パレットは、垂直ベッドの側面に直交するように配置されています。従来は(b)のような長い力のループが生じましたが、(c)の構造形態にすると、力のループを大幅に短縮できます。この短縮効果により機械構造の剛性が総合的に高まり、工具と工作物の接近性が大幅に向上します。切りくずは鉛直下方へ落下するため排除性が良好であり、工作物側と主軸側への切りくずの堆積もわずかで済みます。また、垂直ベッドへの切りくずの堆積も最小限に食い止められます。

要点BOX
- ●スラントベッド構造は省スペースに寄与
- ●旋盤全体を垂直に立てて省スペース化
- ●力のループの短縮は高剛性化にも寄与

図1 スラントベッド構造のNC旋盤

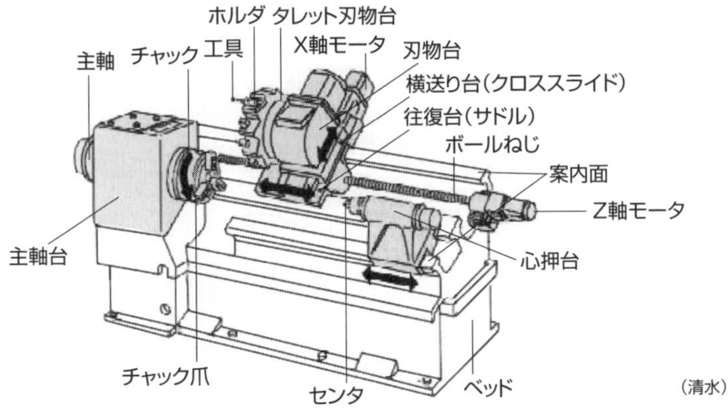

(清水)

図2 立て形CNC旋盤

(ヤマザキマザック)

図3 4タレット式CNC旋盤

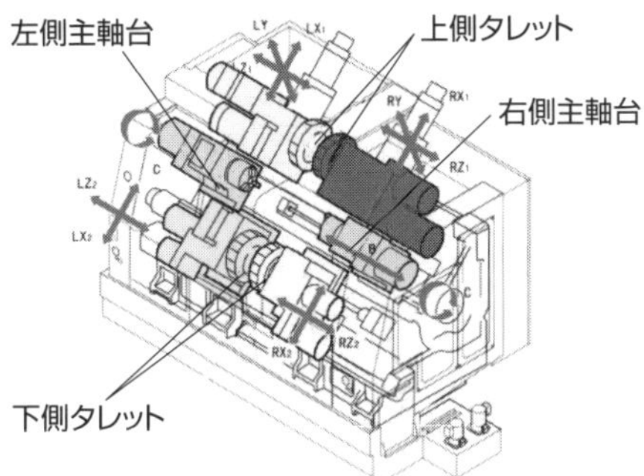

(中村留精密工業)

図4 力のループ短縮のためのコンパクト化

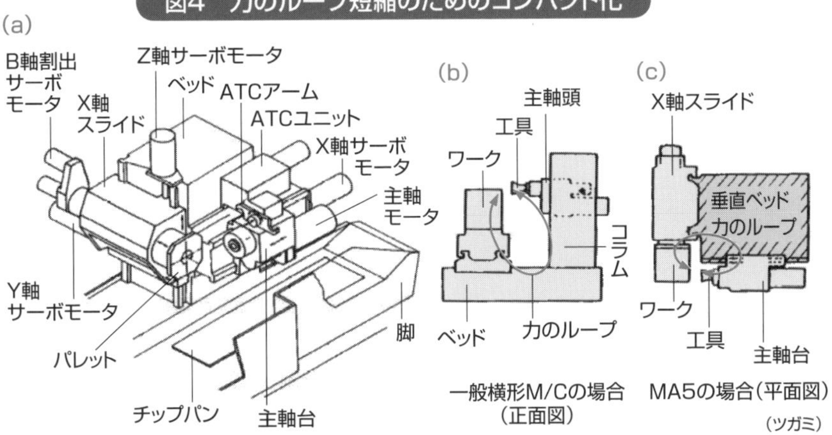

(ツガミ)

Column

知って得する現場用語③

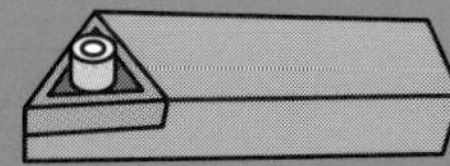

No.	用語	読み	意味
35	つら削り	つらけずり	端面削り、一面削り、一つら削り.
36	トースカン	とーすかん	台付きの柱に鋼製のけがき針を取り付け、これを任意の高さや角度に固定できるようにしたけがき用手工具.けがき針の先端は焼き入れされて硬くなっており、定盤上でトースカンをすべらせて工作物に平行線などをけがく(軽く傷つける)ために使う. 語源は仏語のtrusquinより.
37	ドッグ	どっぐ	英語のdog(犬ではない).けり子つめともいう.平面研削盤のテーブルの側面に2個取付け、油圧バルブに連結したレバーをドッグが「ける」と、テーブルは反転し、往復運動を継続する.
38	共削り	ともけずり	部品と部品を組み付けた状態で削ること.
39	取りしろ	とりしろ	工作物の切削箇所に残っている目標寸法までの除去量.「残りしろ」や「仕上げしろ」なども包括.
40	ドレーン	どれーん	圧縮空気から分離されてパイプやタンク内に貯まる水.ドレン(drain).
41	とんぼ	とんぼ	とんぼ返りの略.反転すること.例えば鋳型を上下裏返すことや旋盤の加工品の左右を反対に取付け直すこと.
42	内研	ないけん	内面研削盤の略.
43	長穴	ながあな	長方形の両端が半円形になった溝状の長い穴.
44	泣き	なき	摺動摩擦で鳴動する泣き声のような音(小さい音ではあるが嫌われる).
45	なっぱ、なっぱ服	なっぱ	作業服.もとはすべて青色であったことより.
46	なま材	なまざい	炭素含有量の少ない鋼材、SS材など.
47	なまる	なまる	刃物などの切れ味が鈍ること.焼きが戻って硬さが低下すること.
48	なめる、舐める	なめる	十字穴付き小ねじ等をドライバーで締めたり緩めたりするときに、ドライバーがねじ頭部の溝に引っかからずに滑って回せなくなってしまう状態.また、おねじのねじ部が破損して締め・緩めが不可能となった状態.「ねじをなめる」、「なめたねじ」、「おねじをなめる」などのように使う.
49	ぬすみ	ぬすみ	加工の手数を少なくすること.
50	ぬすむ	ぬすむ	部品の一部分をほんの少し削って逃がしを設けること.
51	バール	ばーる	てこ、てこ状の釘抜き.仏語のbarre(バール)または英語のbarから.

第4章

基本的な工作機械

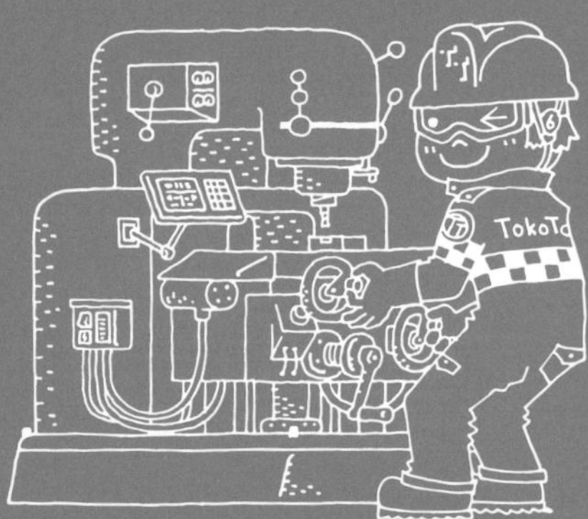

24 旋盤

数多くの工作機械の中でも、旋盤は最も基本的な切削加工機です。旋盤は工作物に回転運動を与え、工具に直進送り運動を与えて、主として円柱、円筒、円錐台などの回転対称部品を加工します。数値制御で加工すると球面や自由曲面が容易に得られます。旋盤による切削を特に旋削といい、旋削対象となる工作物を丸物とか丸物部品などと呼びます。車軸用の段付軸は丸物部品の代表例です。

旋盤の種類は多く、普通旋盤、立て旋盤、卓上旋盤、タレット旋盤、CNC旋盤、CNC自動旋盤などがあります。また、加工可能な工作物サイズ(直径や長さ)に応じて適切な機械サイズが要求され、小形から大形までの機種が製造されています。

図1の普通旋盤は、たいていの機械加工工場に見られるもので、ベッド、主軸台、主軸、心押台、往復台、横送り台、刃物台など、旋盤の基本構造をよく表しています。主軸端に取り付けたチャックで工作物を把持し、刃物台にバイトなどの工具を取り付けます。心押台はベッド上を移動できる構造になっており、所望の位置に固定されます。心押台を利用すると、センタによる工作物の振れの抑止や、ドリルによる工作物への穴あけ作業が可能になります。

図2の立て旋盤は、比較的大きな工作物の加工が可能な旋盤であり、工作物をテーブル上面に取り付けて旋回させます。より大形の機種では、テーブル上面が工場フロアと同一になるように据え付け、工作物の搬送を容易にする工夫が行われます。

図3の自動旋盤は、主軸の回転・停止、工具の切込みと送り、使用工具の選択、工作物の供給など、一連の作業をすべて自動的に行う旋盤です。主軸内に装着した棒材を必要長さだけ突き出し、各種工具で多工程を加工します。その後、工作物を切り落とし、棒材を前方に送り出して加工を繰り返します。同一部品の量産加工に向いた旋盤です。

要点BOX
- 工作物の回転と工具の送り運動で切削
- 主として回転対称部品を加工
- ワンチャッキングで多工程を連続加工

最も基本的な切削加工機

図1　普通旋盤

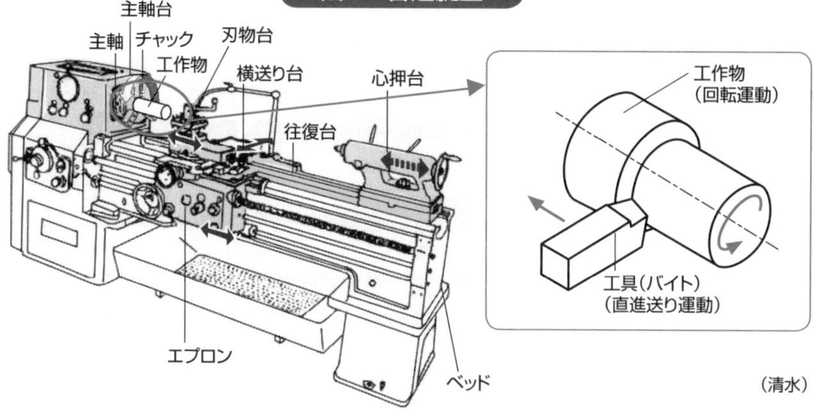

（清水）

図2　立て旋盤

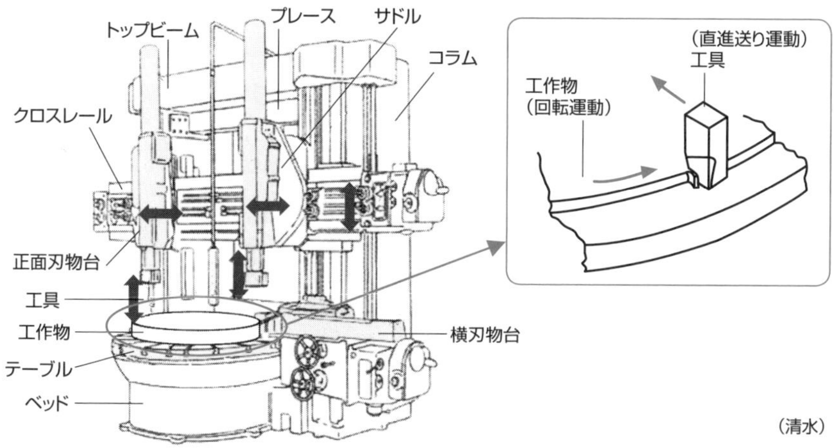

（清水）

図3　自動旋盤

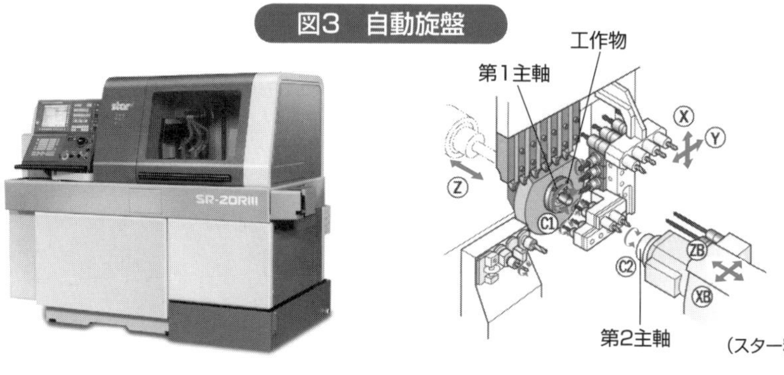

（スター精密）

25 フライス盤・中ぐり盤

角物部品の加工を得意とするフライス盤

フライス盤と中ぐり盤の最大の特徴は、旋盤とは逆に、工具に回転運動を与え、工作物に直進送り運動を与えること、そして基本的に角物部品を切削対象にすることです。フライス盤は何枚もの切れ刃を持つ工具(多刃工具)を使用することも特徴的です。

基本的な加工様式は、正面フライス工具による平面加工、エンドミル工具を使った側面加工、段差加工、ポケット加工などです。特に、立てフライス盤(**図1**)は平面の加工能率が高いため、工作物が小さい場合や切削面の筋目方向を問題にしない場合には、平削り盤や形削り盤の代わりに使用されます。

代表的なフライス盤には**図1**の立てフライス盤と、**図2**の横フライス盤があります。その違いは、工具を取り付ける主軸が鉛直(立て)か、水平(横)かということです。機械構造上の違いはありますが、両フライス盤の基本構造はほぼ同じであり、ベース、コラム、ニー、サドル、テーブル、主軸で構成されます。しかし、立て形では主軸頭が設けられ、横形ではその代わりにオーバアームとアーバが設けられます。このほか、構成形態の違いから、ひざ形、ラム形、ベッド形、門形などの機種があります。また、運転方式の違いから、手動(汎用)とCNC(NC)に分類されます。なお、操作形CNCという機種もあり、ハンドルによる手動運転とNCプログラムによる自動運転の両方が可能な機種です。

一方、中ぐり盤は各種の穴を高精度に仕上げる機能を持った工作機械です。この機能以外に、中ぐり盤上でもフライス盤と同様の加工作業が可能です。**図3**は一般的なCNC横中ぐり盤の一例です。

中ぐり盤とフライス盤の決定的な違いは主軸構造です。中ぐり盤は主軸に加えて主軸クイルを備えており、クイルを前方に繰り出せます。これにより、工具を長く突き出し、深い穴の中ぐり加工や穴底のフライス加工を容易に行えます。

要点BOX
- 工具の回転と工作物の送り運動で切削
- 平面、側面、ポケットなどの加工が得意
- 工作物を1面ずつ加工し段取り替えが必要

図1　ひざ形立てフライス盤

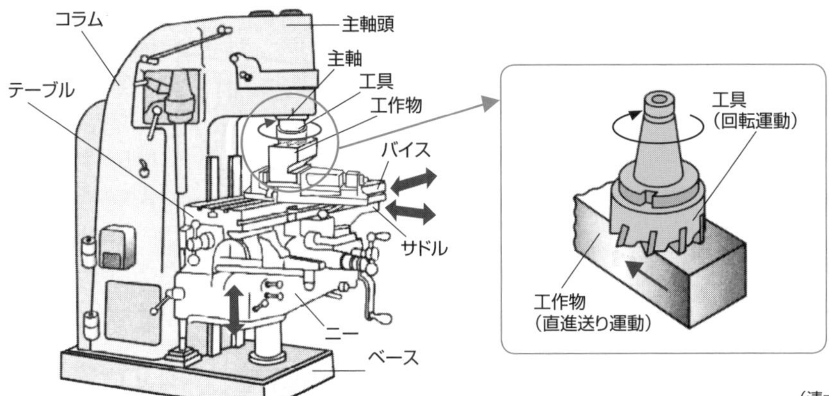

（清水）

図2　ひざ形横フライス盤

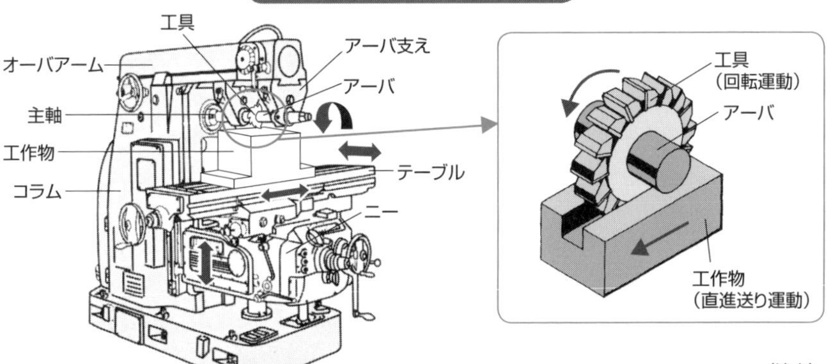

（清水）

図3　テーブル形横中ぐりフライス盤

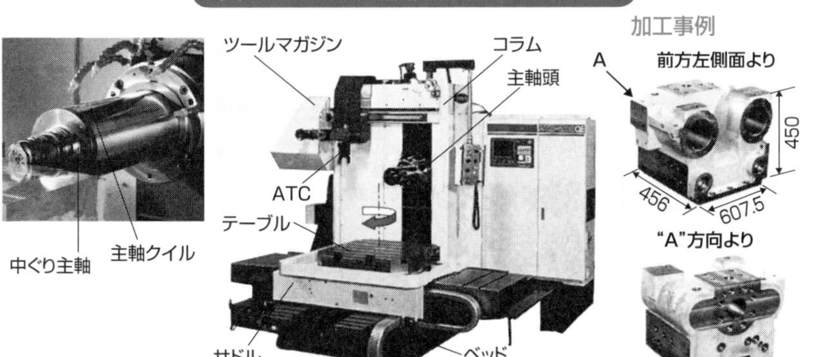

（清水）

26 ボール盤

穴あけ加工に欠かせないボール盤

機械加工を行っている製造工場の中で、機械部品の加工工程の8割以上は穴加工だといわれます。それだけ穴加工の需要が多く、重要だということです。ボール盤は穴あけに大活躍する工作機械です。

ボール盤では、工作物をテーブル側に固定し、主軸にドリルという工具を取り付けます。主軸は回転しながら直進運動を行い、ドリルを工作物に進入させて所望深さの穴をあけます。ボール盤の種類は多く、卓上ボール盤（**図1**）、直立ボール盤（**図2**）、ラジアルボール盤（**図3**）、多軸ボール盤、多頭ボール盤などがあります。

ボール盤の基本構造はベース、コラム、主軸頭、主軸、テーブルです。小形の卓上ボール盤では、ベースがテーブルの役割を兼ねます。

卓上ボール盤では10㎜以下の穴あけ作業が多いため、取付け可能なドリル径が13㎜までの機種が多く存在します。この径までのドリルは、シャンク部がドリル径と同じストレート状です。これを超えるドリルは、シャンク部がテーパ状の取付けが多くなり、図2や図3のような大形ボール盤を使います。

図2の直立ボール盤は工場フロアに直接据え付け、しっかりと固定した状態で使います。利用できる最大ドリル径は50㎜前後です。しかし、取り付け可能な工作物サイズはテーブルサイズに制限されます。

そこで、より大きな工作物の穴あけには図3のラジアルボール盤を用います。工作物をベースや角形テーブルに取り付けたのち、コラムを支点としてアームを旋回または上下に動かすとともに、主軸頭をアームに沿って動かして穴あけ位置を決め、加工します。アームと主軸頭が大形構造となるため、油圧や電気の力を借りてこれらを軽やかに動かす仕組みを採用しています。なお、直立ボール盤でもラジアルボール盤でも、主軸にドリルチャックを取り付ければ、直径13㎜以下の穴あけが可能になります。

要点BOX

- ●工作物を固定し、工具の回転と送りで穴あけ
- ●穴の大きさごとにドリルを用意する
- ●最大穴径でボール盤の大きさが決まる

図1　卓上ボール盤

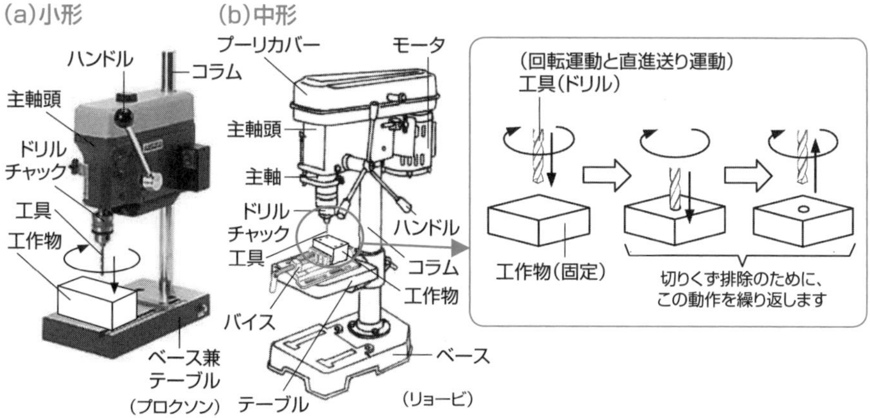

図2　直立ボール盤

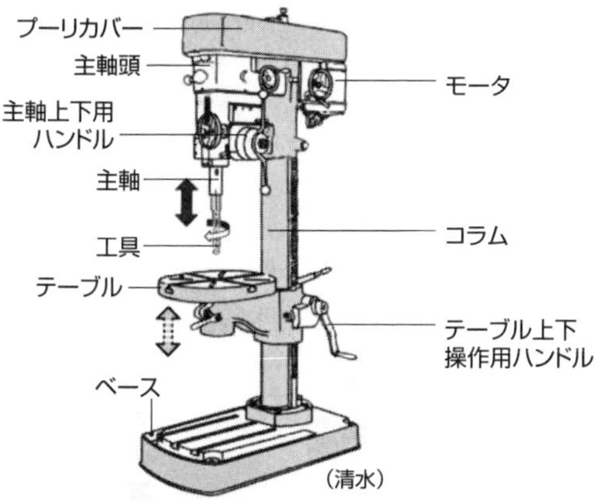

図3　ラジアルボール盤

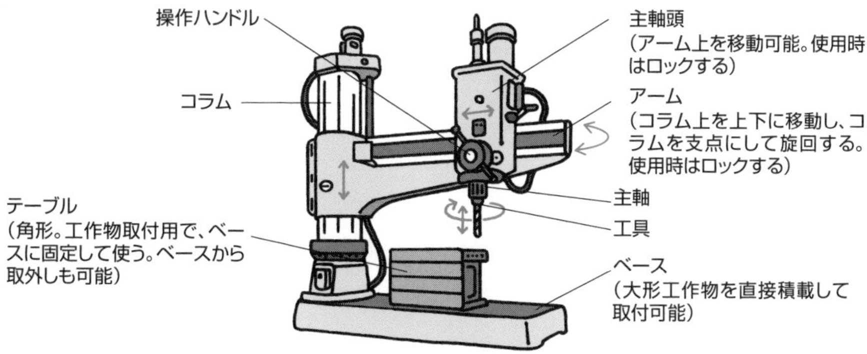

27 円筒面加工用研削盤（円筒研削盤、心なし研削盤、内面研削盤）

丸物部品に仕上げ加工を施す

円筒面加工用研削盤は、砥石という工具を使って丸物部品の外周や内面を高精度に仕上げるための工作機械です。他の工作機械に比べて、研削盤の加工精度ははるかに高く、サブミクロンオーダ（0．1㎛＝0．0001㎜台）で仕上げ加工を行えます。

図1の円筒研削盤は、工作物の外周を仕上げる機械であり、ベッド、砥石台、主軸台、心押台、テーブル、往復台などからなる基本構造を持っています。砥石台の砥石に回転運動を与え、砥石台の直進運動により工作物に切り込みます。主軸台側には工作物を取り付けて回転運動を与えます。工作物に送り運動を与えないプランジ研削方式と、往復の送り運動を与えるトラバース研削方式があります。

図2の心なし研削盤も工作物の外周を仕上げる機械ですが、特徴的な工作物の支持方法を採用しています。支持刃上に円筒状の工作物を載せ、砥石と調整車に回転運動を与え、工作物を自転させながら外周面の研削仕上げを行います。基本構造は、ベッド、砥石台、調整車台、ワークレストなどです。また、研削方式として、調整車プランジ送り方式（送り込み方式）とトラバース送り方式（通し送り方式）がよく用いられます。

図3の内面研削盤は、工作物の内面仕上げに特化した研削盤であり、基本構造として、ベッド、砥石台、主軸台、往復台などを持ちます。内面研削盤の最大の特徴は、トラバース研削を行いながら、砥石軸方向にオシレーション運動（非常に微小な振幅の高速往復運動）を重畳させて加工することです。また、他の研削盤より砥石径が相対的に小さいことも特徴です。特に、エンジンの燃料噴射ノズルのような小径穴の内面仕上げでは、使用する砥石の外径も必然と小さくなります。このため、適切な研削速度（砥石の周速）を得るために、高速回転砥石軸が必要となり、高周波スピンドルが採用されています。

要点BOX
- ●砥石によって円筒の外周や内面を仕上げる
- ●工作物も砥石も回転運動を行う
- ●円筒面加工用研削盤には役割分担がある

図1　円筒研削盤

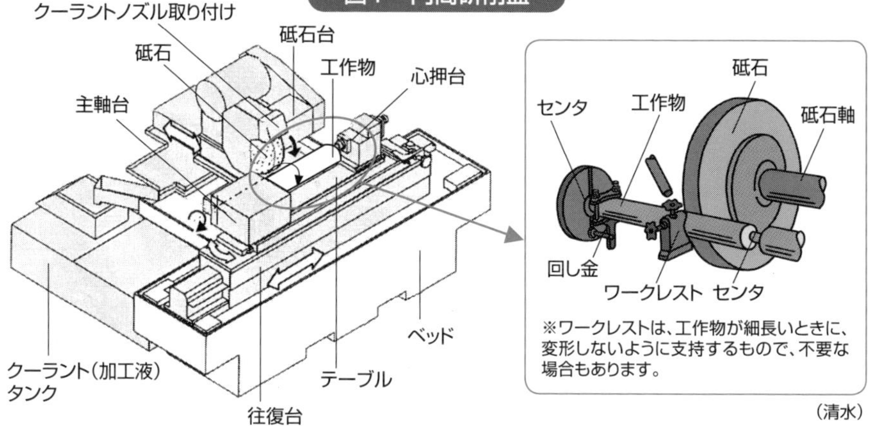

（清水）

図2　心なし研削盤

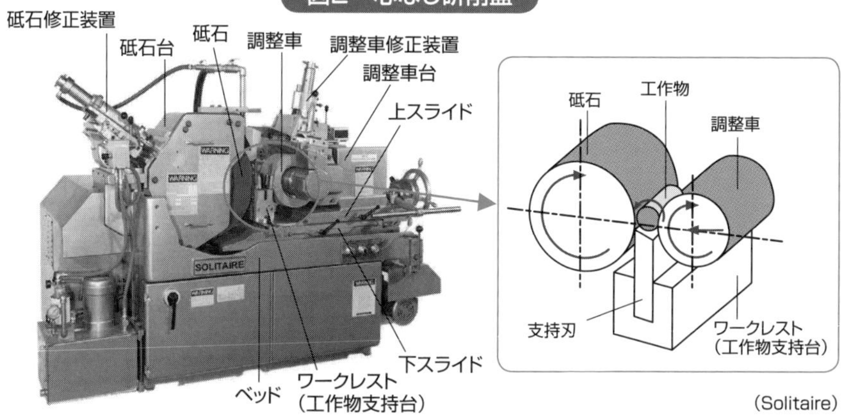

（Solitaire）

図3　内面研削盤

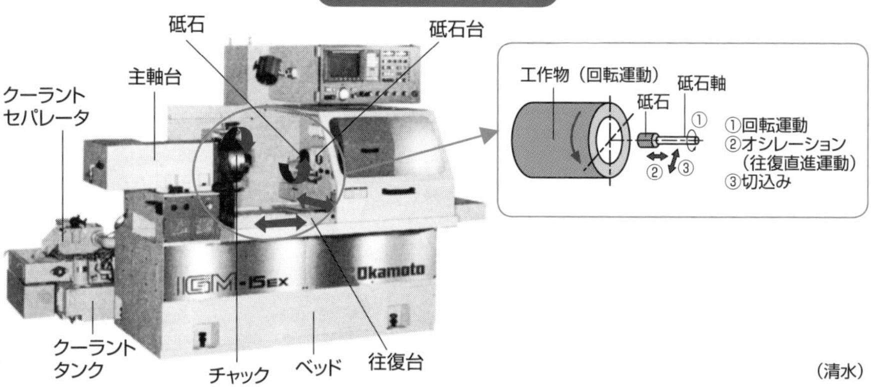

（清水）

28 平面研削盤

角物部品に仕上げ加工を施す

平面研削盤は角物や板物（薄板や円板）の表面（平面）、丸物の端面などを砥石で仕上げる工作機械です。平面研削の様式を分類すると図1のようになります。砥石軸の向きと砥石作業面の位置の組合せに加え、工作物の運動方法の違いもあり、これらに対応して研削盤の種類は豊富です。しかし、大別すると、工作物に直進運動を与える機械と、工作物に回転運動を与える機械の2種類になります。27と同様に、平面研削盤の研削方式にも、プランジ研削方式とトラバース研削方式があります。

図2は最も一般的な横軸角テーブル形平面研削盤です。基本構造は、ベッド、テーブル、サドル、コラム、砥石頭、砥石軸と砥石です。砥石頭はコラムに沿って上下し、工作物への切り込みを与えます。サドルとテーブルは直交しており、テーブルのみに左右の直進運動を与えるとプランジ研削方式になります。この研削運動にサドルの前後方向の送りを加えるとトラバース研削方式になります。工作物が鉄系金属材料の場合、テーブルに電磁チャックを設置し、その磁力で工作物を吸着固定します。非鉄金属系材料の場合は、磁力の代わりに真空チャックや接着剤、時として冷凍チャックなどが使われます。

図3は砥石軸が鉛直構造の立て軸回転テーブル形平面研削盤です。使用砥石はカップ形であり、その端面を利用して研削加工を行います。工作物への砥石の切り込みは、コラムに取り付けた砥石軸を上下させて行います。コラムは回転テーブルの半径方向に移動可能であり、広い表面積の工作物の研削加工に対応できます。研削速度を一定に保つために、テーブルまたは砥石軸の回転速度を、半径位置に応じて変化させます。テーブル中心寄りでは周速度が小さくなるため、回転速度を高めます。砥石の軌跡が円弧状に干渉することから、工作物表面の筋目にアヤメ模様を必要とする場合に適した研削盤です。

要点BOX
- ●工作物の表面を砥石で平らに仕上げる
- ●砥石の作業面は外周と、側面または端面
- ●電磁力や真空圧で工作物を取り付ける

図1　平面研削の様式

砥石軸の向き		横軸（水平）		立て軸（垂直）	
砥石作業面の位置		砥石の外周	砥石の側面／端面	砥石の外周	砥石の側面／端面
工作物取付けテーブルの運動方法	直進運動または直進往復運動	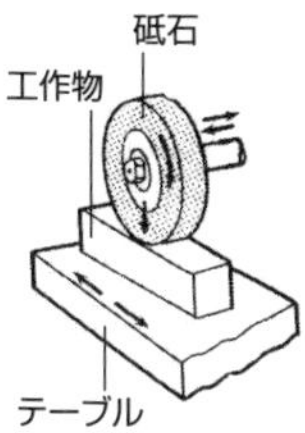 横軸角テーブル形	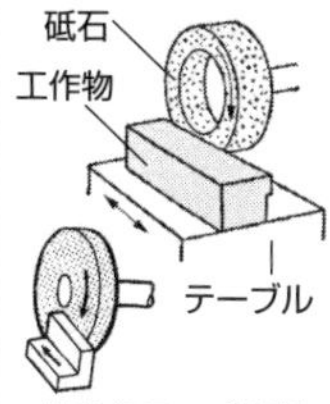 横軸角テーブル形 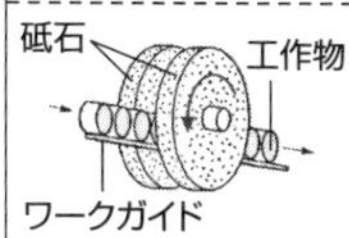 横軸両頭形	複合研削盤やグラインディングセンタの範疇である場合が多い	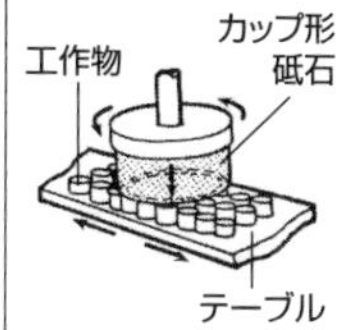 立て軸角テーブル形 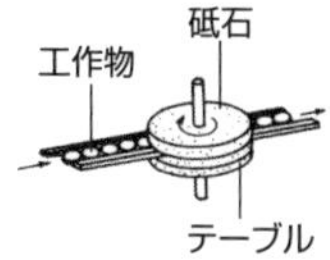 立て軸両頭形
	回転運動	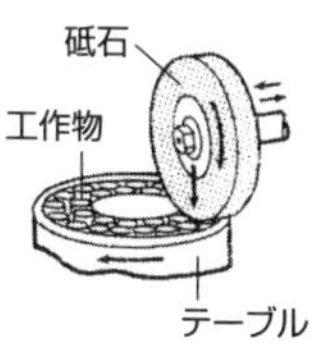 横軸回転テーブル形	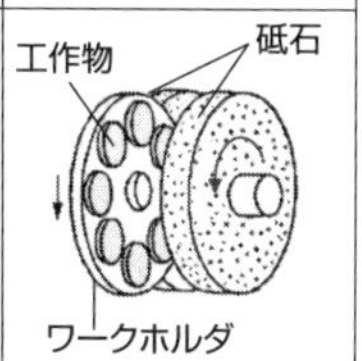 横軸両頭回転テーブル形		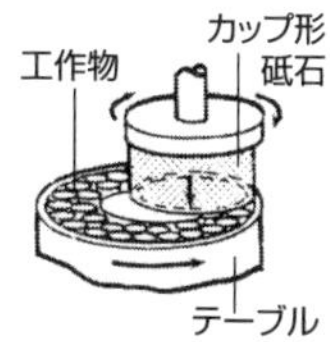 立て軸回転テーブル形

図2　横軸角テーブル形平面研削盤

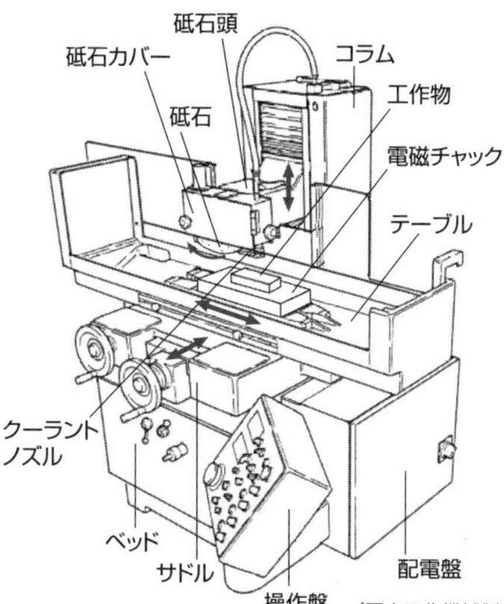

（岡本工作機械製作所）

図3　立て軸回転テーブル形平面研削盤

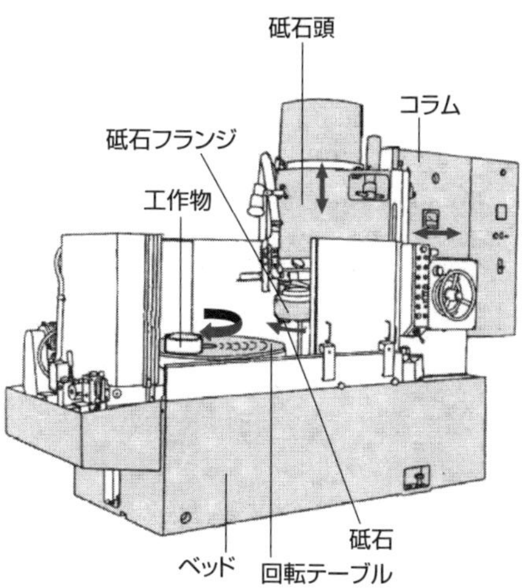

（清水）

29 ホーニング盤・超仕上げ盤・ラップ盤

工作物を高精度仕上げし、付加価値を高める

ホーニング盤、超仕上げ盤、ラップ盤は、前加工を終えた工作物に研磨加工を施し、表面仕上げを行う機械であり、研磨加工工作機械（表面仕上げ機械）に分類されます。名称は異なりますが、基本的に砥粒を工作物に押し付けながら研磨仕上げを行うメカニズムが共通です。いずれも工作物表面の真円度、円筒度、平面度などの幾何学的形状精度、粗さやうねりなどの表面性状、または寸法精度と形状精度を向上させ、機能部品としての付加価値を確保するための工作機械です。押付け圧は重要な加工条件の一つですが、砥粒の研磨作用によって削り取られる量が微量であるため、前加工された工作物の寸法・形状精度がある程度良好でなければなりません。

図1は立て形のホーニング盤の基本構造例です。ホーニング盤は主として穴の仕上げ加工に用いられます。加工には、砥石（固定砥粒）をセグメント状に配置したホーンという専用工具が利用され、ホーンに回転運動と往復運動を与えながら、穴の内面に砥石を押し付けて研磨加工を行います。

超仕上げは砥石を使う点で研削仕上げと同様ですが、最大の相違点は砥石に振動（8〜30Hz）を重畳（オシレーション）しながら送り運動や切込み運動を行います。その結果、**図2**のように表面性状の改善効果が優れています。超仕上げ盤は専用機である場合が多く、写真は歯車仕上げ用機械の例です。

ラップ盤は、粒状の砥粒（遊離砥粒）を工作物表面とラップ定盤の間に介在させ、押付け圧と相対運動のもとで研磨加工を行います。ラップ加工方式には、研磨の際にラップ液を多量供給する湿式と、微量供給する乾式があります。**図3**はホフマン形のラップ盤の機械構造例です。工作物は遊星キャリア内に複数個収容され、上下のラップ定盤で押し付けられながら、キャリアの自転と公転運動のもとで両面を同時仕上げされます。

要点BOX
- ●砥粒を工作物に押し付けて微量を研磨
- ●幾何学的形状精度と表面性状を向上させる
- ●前工程の寸法・形状精度に影響される

図1　ホーニング盤

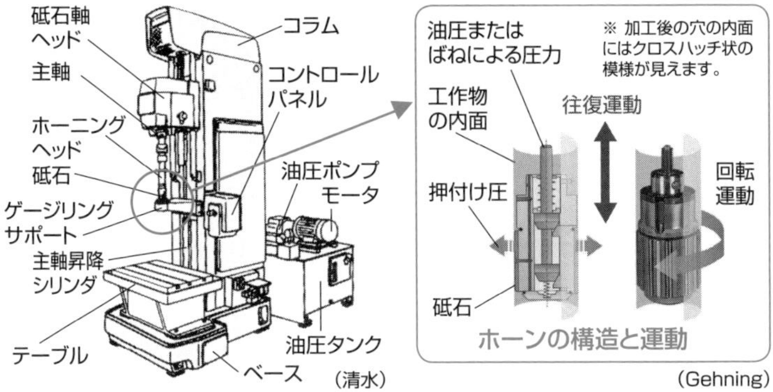

（清水）　（Gehning）

図2　超仕上げの特徴と超仕上げ盤の例（同期歯車仕上げ用）

研削仕上げと超仕上げの違い

表面性状＼仕上げ方法	研削仕上げ	超仕上げ
	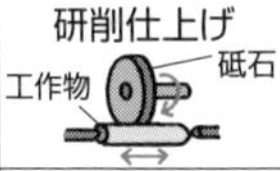	
真円度（真円からの隔たり）	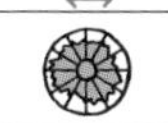	
うねり（粗さより長い波長成分）		
平面度（平坦さの程度）		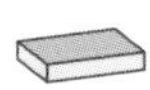
円筒度（真円筒からの隔たり）	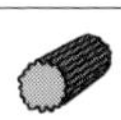	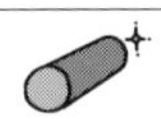
粗さ（表面の凹凸の程度）		
負荷長さ比（表面の凹凸の割合）	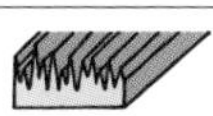	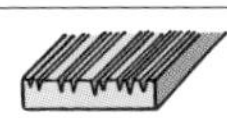

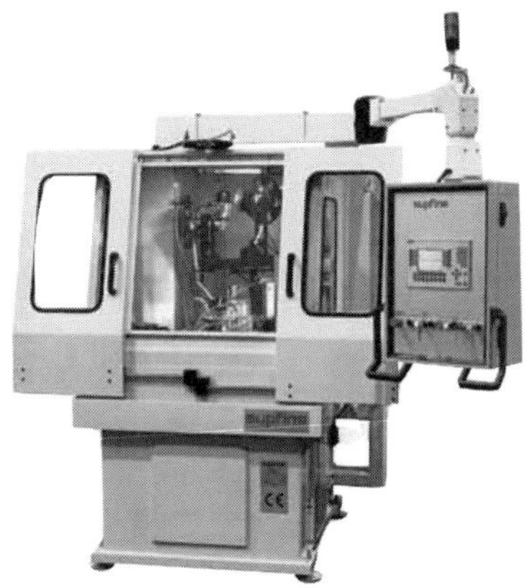

（Supfina）

図3　ラップ盤

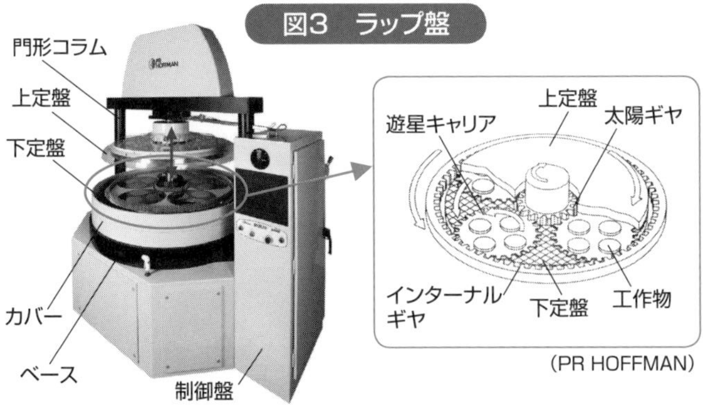

（PR HOFFMAN）

30 放電加工機

アーク放電しながら工作物表面を加工する

放電加工はレーザ加工とともに熱的除去加工法に分類されます。加工原理は図1のように、加工液中で電極と工作物間にアーク放電を起こし、工作物表面の溶融と気化によって微細な除去を行うものです。放電加工機には、型彫り放電加工機とワイヤ放電加工機があり、電極の構成様式は異なりますが、加工原理は全く同じです。放電加工機は、切削では困難な高硬度材や難削材の加工に適しています。

型彫り放電加工機は、あらかじめ成形された電極の形状を工作物側に転写するように加工します。この加工機では、熱的除去によって加工中にも工具電極と工作物表面間の距離が時々刻々と変わるため、電極間距離を一定に保つ制御を行います。また、加工粉は電極間に堆積して新たな放電の妨げになるため、加工中に電極の急速な上下動を行い、そのポンピング作用によって加工粉を強制的に排出します。このとき、加工点では±1気圧以上の圧力変化が起こり、発生圧に起因する力が加工点に作用します。この力は工作物と電極の両側に作用して弾性変形を起こし、電極間距離に影響を与えます。この現象は加工能率や加工精度の低下に繋がるため、型彫り放電加工機では、弾性変形を回避する目的で機械剛性を高める工夫がなされています。

ワイヤ放電加工機は、放電しながら連続的に送られるワイヤで工作物を切断します。単純な2次元加工だけでなく、図のように上下のワイヤガイドを制御し、テーパや自由曲面などの複雑形状部品を加工できます。電極のワイヤは循環使用せずに使い切りです。特に、工作物の把持方法が加工上のポイントであり、各種のジグやアタッチメントを用います。また、工作物切断後の落下によってワイヤが切断されないよう、ワイヤパスやテーピングなどを配慮します。複雑で微細な型彫り放電加工機用の電極もワイヤ放電加工機で加工しています。

要点BOX

- ●型彫りとワイヤの放電加工原理は同じ
- ●気化した加工粉を強制排除する型彫り放電
- ●テーパや自由曲面も加工可能なワイヤ放電加工

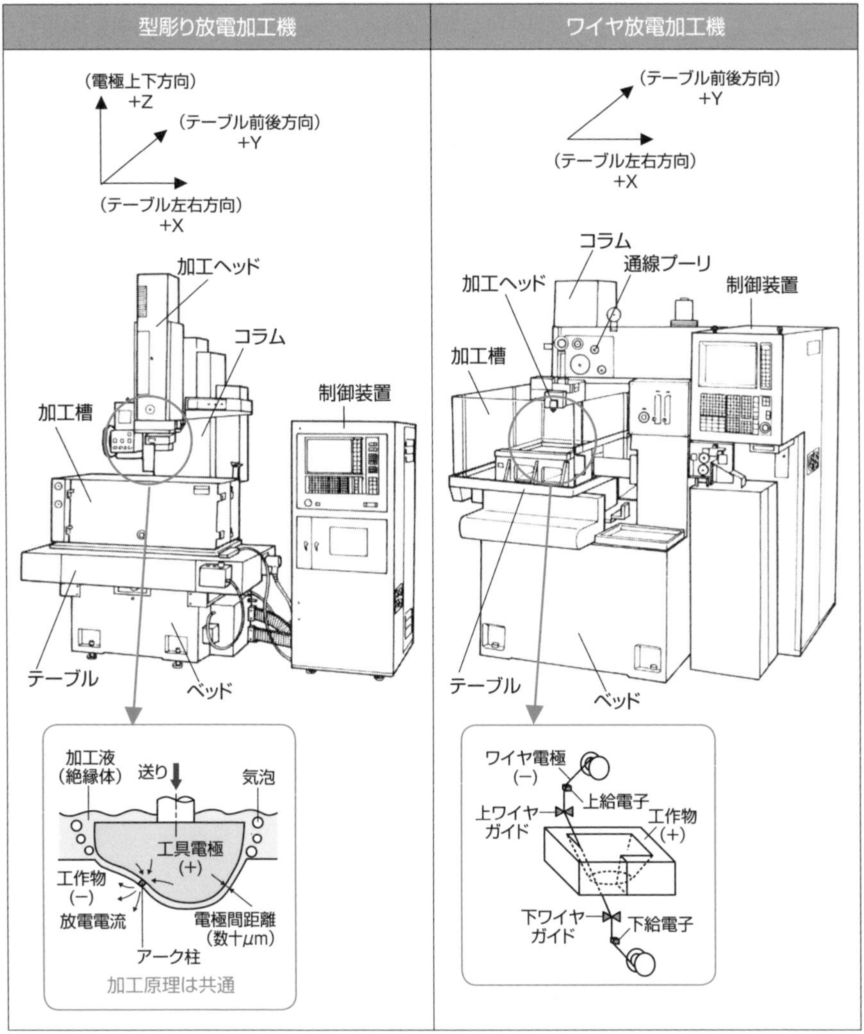
型彫り放電加工機
ワイヤ放電加工機
(電極上下方向)
+Z
(テーブル前後方向)
+Y
(テーブル左右方向)
+X
加工ヘッド
コラム
加工槽
制御装置
テーブル
ベッド
加工液
(絶縁体)
送り
気泡
工具電極
(+)
工作物
(−)
放電電流
電極間距離
(数十μm)
アーク柱
加工原理は共通
(テーブル前後方向)
+Y
(テーブル左右方向)
+X
コラム
通線プーリ
加工ヘッド
制御装置
加工槽
テーブル
ベッド
ワイヤ電極
(−)
上給電子
上ワイヤーガイド
工作物
(+)
下ワイヤーガイド
下給電子

図1　放電加工機の種類

(岡部ほか)

31 特定形状面加工用工作機械

特定の工作物形状を加工する

特定形状面加工用工作機械とは、キー溝や歯車のような特定の工作物形状を加工する工作機械のことです。ここに登場するブローチ盤と歯切り盤のほかに、歯車の仕上げ用の歯車研削盤、ボールねじなどの高精度なねじを仕上げるねじ研削盤、各種切削工具の仕上げ工程で用いられる工具研削盤などがあります。

ブローチ盤の特徴は、**図1**のようにブローチという切削工具に直進運動を与え、ブローチを引抜きまたは押込みながら工作物を一気に加工することです。キー溝やスプラインなどの形状を1回の切削によって仕上げることが可能です。

ブローチ盤には、各種の穴形状の表面を加工する内面ブローチ盤、部品の外側表面や歯車の歯面を加工する表面ブローチ盤、キー溝加工用のキー溝用ブローチ盤があります。また、ブローチ工具の取付け方向によって立て形と横形の機械があります。

図2のホブ盤と**図3**の歯車形削り盤は、歯車の加工に最もよく使われています。これらの機械は歯切り加工の原理から、創成加工（46・47参照）を行う歯切り盤に分類されます。

図2のホブ盤では、ホブと呼ばれる多数の切れ刃を持った工具が使用されます。ホブと工作物の回転を同期させながら、ホブに上方向から下方向への直進運動を与えて歯車の輪郭形状を連続的に加工します。複雑な加工運動を実現するために、X・Y・Z軸回りのA・B・C軸を備えています。ホブ盤には工作物中心線方向により立て形と横形があります。

図3の歯車形削り盤は、①から④の歯切りシーケンスでピニオンカッタという工具に往復運動を与え、1回の微小な切削を行います。このとき、工具と工作物は同期して微小な角度だけ回転し、この回転運動と往復運動の連続的な繰り返しによって歯車の輪郭曲線をつくり出します。外歯車だけでなく、内歯車や段付き歯車も容易に加工することができます。

要点BOX
- ●特定形状面加工機には専用工具が必要
- ●1回の切削で形状を仕上げるブローチ盤
- ●歯車加工専用のホブ盤と歯車形削り盤

図1　内面ブローチ盤

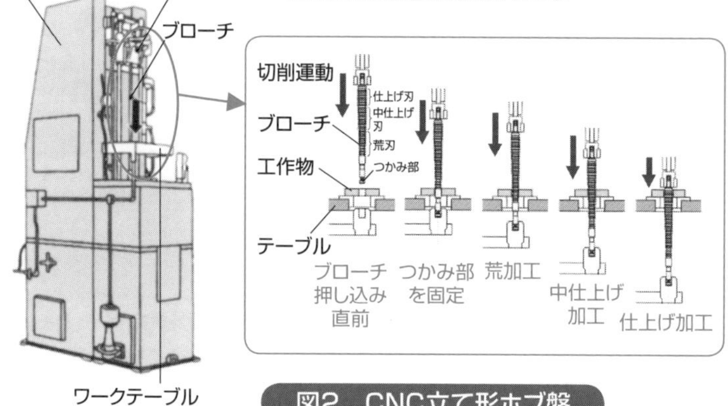

（清水）

図2　CNC立て形ホブ盤

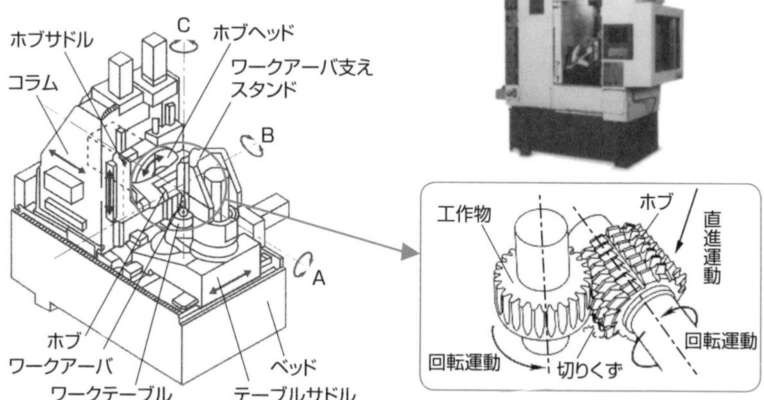

（清水）

図3　立て形歯車形削り盤

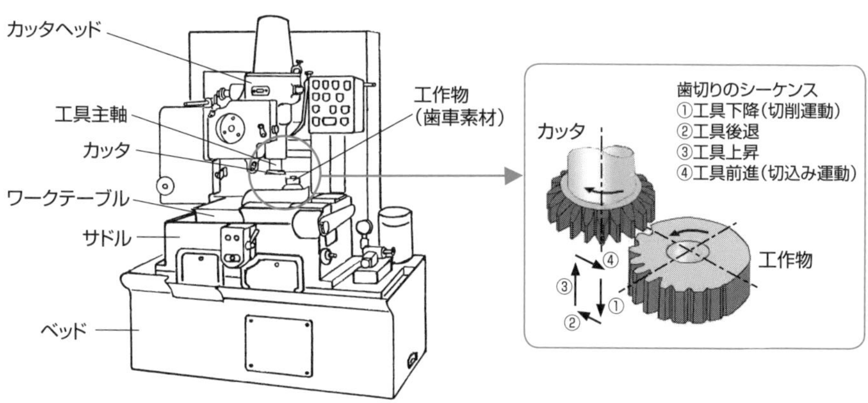

（オーエ鐵工）

32 金切りのこ盤

素材からの材料取りは金切りのこ盤で

鍋料理の素材に使う長ネギは、一般に適度な長さに切断し、煮るという加工を施します。機械部品を製作する場合も、この状況と同じことがいえ、所望の機械部品の製作に必要な寸法の工作物素材を、鋼材やアルミ材などの大きな素材から切り出します。料理の包丁の役目を担うのが金切りのこ盤です。

金切りのこ盤は機械的な切断法であり、切削による方法と研削による方法があります。一般の鋼材などでは、のこ刃が使われ、切削では歯が立たない難削材などでは砥石が用いられます。のこ刃による切断機を金切りのこ盤と呼び、弓のこ盤（図1）、帯のこ盤（図2）、丸のこ盤（図3ⓐ）があります。切断砥石を使う切断機を高速切断機（図3ⓑ）と呼びます。

材料取りには、ここで紹介する金切りのこ盤のほかに、レーザ加工やプラズマ加工などの熱的エネルギによる切断法も利用されます。

弓のこ盤の切削作用は、手作業で使う弓のこと全く同じ原理です。図1の弓形フレームに固定したのこ刃を往復運動させながら工作物に徐々に切り込み切断します。素材寸法が小さい場合は、何本も積み重ねてバイスに取り付けることができ、同一寸法の切出しを一気に行えます。切断可能な素材寸法に応じて小形から大形までの機種があります。

図2の帯のこ盤は、環状に繋いだ帯状ののこ刃を循環させながら、一方向に連続的に切削して切断を行う工作機械です。ⓐの横形は弓のこ盤とほぼ同じです。ⓐの横形とⓑの立て形があります。他方、ⓑの立て形は、単純な切断だけでなく、図のように溝入れ、重ね切り、成形切断など幅広い切断作業を行えます。また、切り抜きは、各種金型を製作するときなどに利用されます。

図3の丸のこ盤と高速切断機は、使用工具に丸のこと切断砥石の違いがありますが、工具を回転させて連続的に切断作業を行うという機能は共通です。

要点BOX
- ●切削方式はのこ刃、研削方式は切断砥石
- ●のこ刃の運動様式は往復、循環、回転など
- ●丸のこ盤と高速切断機の切断機能は共通

図1　弓のこ盤(ハクソー)

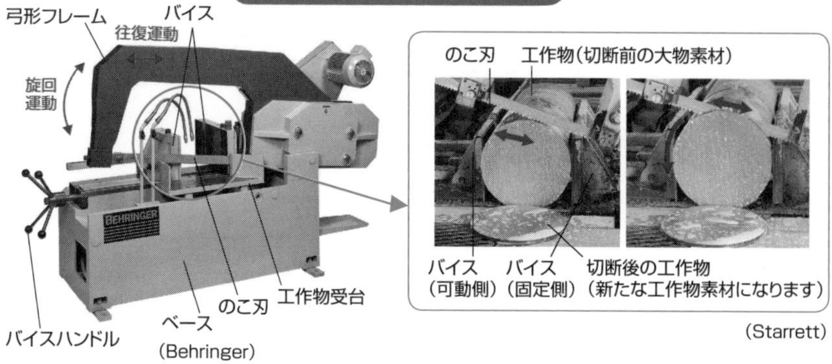
弓形フレーム
往復運動
バイス
旋回
運動
バイスハンドル
ベース
のこ刃
工作物受台
(Behringer)
のこ刃
工作物(切断前の大物素材)
バイス
(可動側)
バイス
(固定側)
切断後の工作物
(新たな工作物素材になります)
(Starrett)

図2　帯のこ盤

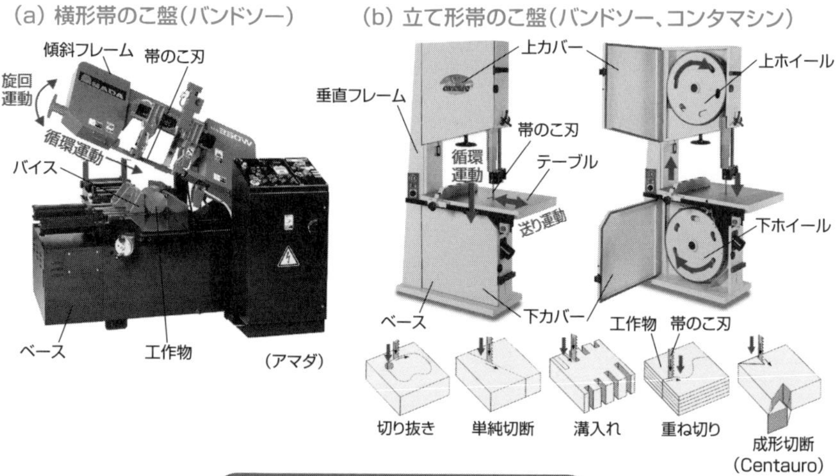
(a) 横形帯のこ盤(バンドソー)
傾斜フレーム
帯のこ刃
旋回
運動
循環運動
バイス
ベース
工作物
(アマダ)
(b) 立て形帯のこ盤(バンドソー、コンタマシン)
上カバー
上ホイール
垂直フレーム
帯のこ刃
循環
運動
テーブル
送り運動
下ホイール
ベース
下カバー
工作物
帯のこ刃
切り抜き
単純切断
溝入れ
重ね切り
成形切断
(Centauro)

図3　丸のこ盤と高速切断機

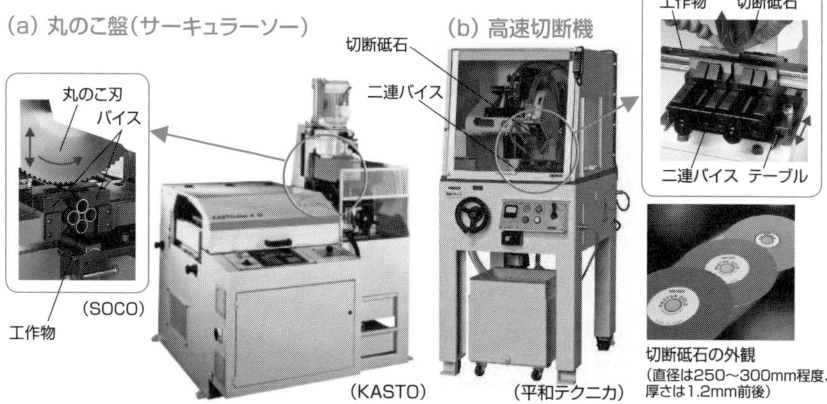
(a) 丸のこ盤(サーキュラーソー)
丸のこ刃
バイス
工作物
(SOCO)
(KASTO)
(b) 高速切断機
切断砥石
二連バイス
(平和テクニカ)
工作物
切断砥石
二連バイス
テーブル
切断砥石の外観
(直径は250～300mm程度、厚さは1.2mm前後)

Column

知って得する現場用語④

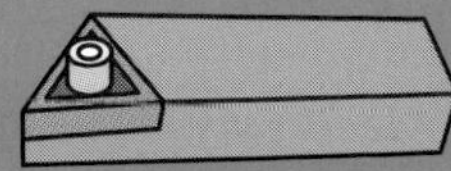

No.	用語	読み	意味
52	ハイス	はいす	高速度鋼(工具材種).high speed steelのなまり.HSSと略記する.JIS記号はSKH.
53	はしコップ	はしこっぷ	旋盤の主軸台.独語のKopf(頭、工作機械では主軸頭)から.
54	バンコ	ばんこ	オランダ語のdraaibankまたは独語のDrehbankのbankの訛り.普通には旋盤を言うが、工作機械全体をいうこともある.大バンコ、小バンコ等とも用いる.
55	平研(ひらけん)	ひらけん	平面研削盤の略.
56	ぶつ	ぶつ	現物、実物、工作物、品物.
57	ふところ	ふところ	工作機械等で工作物が納まる部分.作業者前方の奥行き空間.
58	平研(へいけん)	へいけん	平面研削盤の略.
59	ペケ	ぺけ	作り損のない、不合格品、おしゃか.「大言海」によればマレー語:ペッキ(悪い、気に入らない)から.
60	ポイする	ぽいする	投げ捨てる.廃棄処分にする.
61	マイクロ	まいくろ	①マイクロメータの略.②長さの単位のμmの俗称.
62	マシニング	ましにんぐ	マシニングセンタの略.
63	めがね	めがね	めがねレンチの略.めがねスパナともいう.
64	めくら	めくら	①ふさがれていること.現在は差別用語. ②パイプなどの通路を閉ざすこと.
65	目のこ	めのこ	目のこ算用.目算.目で見ただけで寸法を決めたり、事を決したりすること.概略の意.
66	メンテ	めんて	メンテナンスの略.
67	モンキー	もんきー	モンキーレンチ.自在スパナ(adjustable wrench、adjustable spanner).発明者Charles Monckyの名前からモンキーレンチになったという説がある.
68	やげん台	やげんだい	Vブロック.薬研(ヤゲン)は漢方薬調合の鉄の舟形の器.薬研台は薬研に似て中の凹んだ台の意.関西では三角台という.
69	やとい	やとい	取付具.この助けによって仕事をするという意味.英語ではjig and fixture.
70	ようかん	ようかん	平行台(parallel block).形からきた語.「正直台」とも言う.
71	横ボール	よこぼーる	横中ぐり盤のこと.「横中ぐり」と略して言うこともある.
72	ラッパ、ラッパー	らっぱ	手でラッピングするために使う工具.形状が歯ブラシに似たハンドラッパなど.

第5章

工作機械で出来る基本的な加工

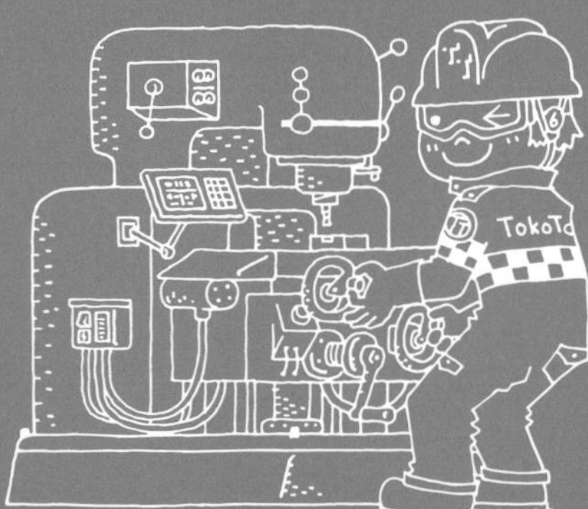

33 旋盤で行う加工

丸いものを形づくる

24に示した旋盤は回転対称部品（丸物部品）の加工に適します。一般に旋削用の工作物素材は中実や中空の円筒状であり、その直径や長さ寸法は、部品図に指示された仕上がり寸法よりも数ミリほど大きくなっています。この余分な箇所を「取りしろ」とか「削りしろ」と呼び、直径や長さの諸寸法を確保する上で重要な除去部分になります。したがって、除去加工を伴う旋盤では、回転している工作物素材に対して工具をどの方向にどれくらい切り込みながら、どの方向にどのような運動を与えるかによって、さまざまな工作物形状を得ることができます。

図1(a)の外丸削りは最も基本的な加工です。工具には半径方向の切込みを与えたのち、回転軸と平行な直進送り運動を与えます。その結果、所望の外径寸法をもつ円筒や円柱が得られます。このとき、回転軸に対して工具に一定の角度だけ傾いた送り運動を与えると(d)のテーパ削りになり、工作物は円錐台状になります。さらに、工具に二次元の曲線運動を与えると(l)の曲面削りになります。これと同等の加工は(m)の総形（そうかた）削りでも可能であり、曲線状に成形した特殊工具を半径方向に切り込みます。

ところで、(a)の工具を内径加工用工具に置き換えた加工法が(i)の中ぐりです。この場合、事前に(n)の穴あけにより適切な直径のドリルで加工し、内径工具が進入できるように準備しておきます。また、ドリル先端の位置決めを良好にするために、(j)のセンタ穴の加工も穴あけの前工程で行われます。

回転軸と直行する方向へ工具を運動させると、(b)の正面削り、(e)の溝削り、(f)の突切りになり、いずれも丸物部品の長さ方向の寸法を確保します。このほか、円筒端面の稜線にほどこす(c)の面取り、外径側の(g)のおねじ切りや内径側の(h)のめねじ切り、握りやすさと滑り止めの表面凹凸を加工する(k)のローレット切りなどの加工も専用工具により可能です。

要点BOX

- ●旋盤は回転対称部品（丸物部品）の加工が得意
- ●外丸削りは最も基本的な加工
- ●中ぐりは工具を内径加工用工具に置き換える

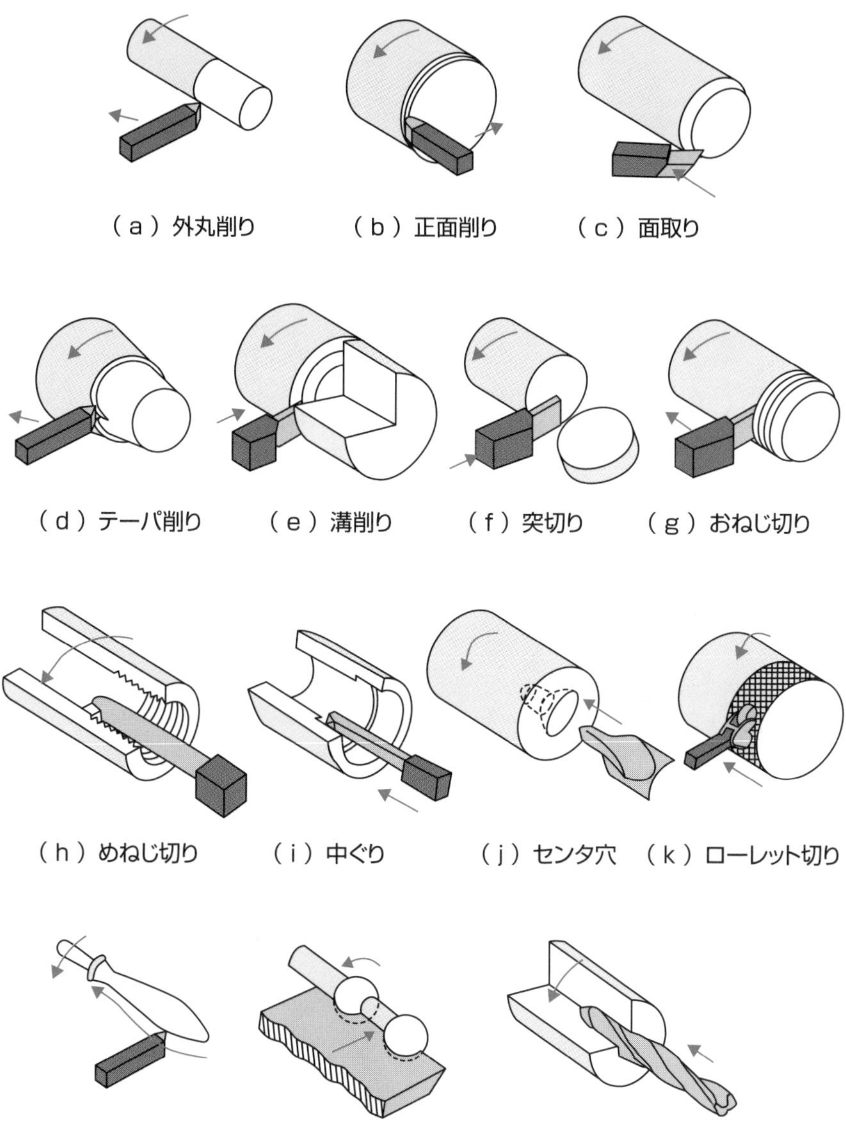

図1　旋削により形作られる各種の形状

（a）外丸削り　（b）正面削り　（c）面取り

（d）テーパ削り　（e）溝削り　（f）突切り　（g）おねじ切り

（h）めねじ切り　（i）中ぐり　（j）センタ穴　（k）ローレット切り

（l）曲面削り　（m）総形削り　（n）穴あけ

34 旋削に必要な工具と取付具

旋削で用いる主要な工具はバイトです。その刃先は、包丁のように1本の稜線（ナイフエッジ）であることから、バイトのことを「単刃工具」とも呼びます。現在主流のバイトは、交換可能な切れ刃をもつスローアウェイ方式であり、刃先のチップ部とこれを取り付けるシャンク部からなります。

図1にバイトの基本的な種類を示します。(a)の右片刃バイトは外丸削り、テーパ削り、端面削りなどに使われます（33の図1(a)、(b)、(d)参照）。(b)の突切りバイトは溝削りや突切り（33の図1(e)や(f)）専用の形状であり、その他の加工用途には適しません。(c)の中ぐりバイトは、33の図1(i)の中ぐりに使用します。前工程の加工穴をくり広げてより大きくしたり、比較的深い穴の直径・深さ・面粗さを所望の精度に仕上げたりする用途が主です。中ぐりバイトの逃げ面は二段構成であり、二段目の二番面は加工面を傷つけないために設けてあります。

旋削は工作物の一度の取付けで同心度や同軸度を精度良く確保できるため、丸物での部品設計が推奨されます。しかし、**図2**のような工作物を加工するためには、周囲に図示した各種形状のバイトが加工工程ごとに必要になります。このため、丸物部品の設計者は、複雑な部品形状ほど加工工程が増えるとともに必要なバイト本数も増え、加工時間や加工コストがかかることを理解しておくべきです。

次に、旋盤における代表的な取付具は**図3**に示すチャックです。(a)の三つ爪チャックは、3個の爪が半径方向に同時に連動して同一量だけ開閉し、かつ締め付け時に高い求心性が得られます。しかし、主軸の回転中心に対して工作物の中心を意図的にずらした（偏心させた）加工はできません。そこで、偏心加工の用途には(b)の四つ爪チャックを用います。四個の爪は個々に半径方向に独立して開閉調整可能です。工作物は丸物も角物も取付け可能です。

要点BOX
- ●旋削で用いる主要な工具はバイト
- ●バイトは「単刃工具」と呼ばれる
- ●旋盤における代表的な取付具はチャック

図1 旋盤用のバイトの例

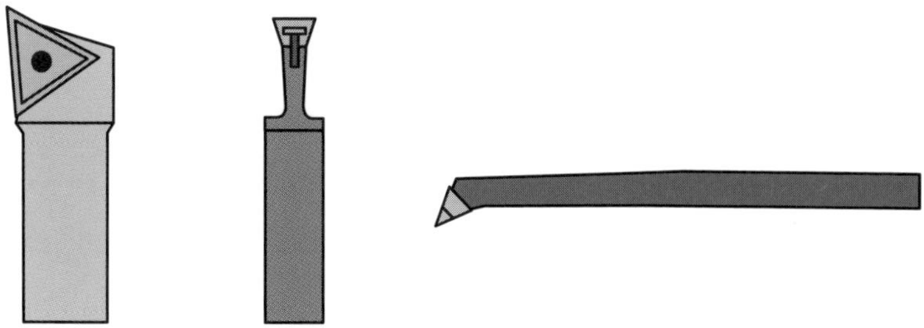

(a)右片刃バイト　(b)突切りバイト　(c)中ぐりバイト

図2 工作物に対するバイトの切込み

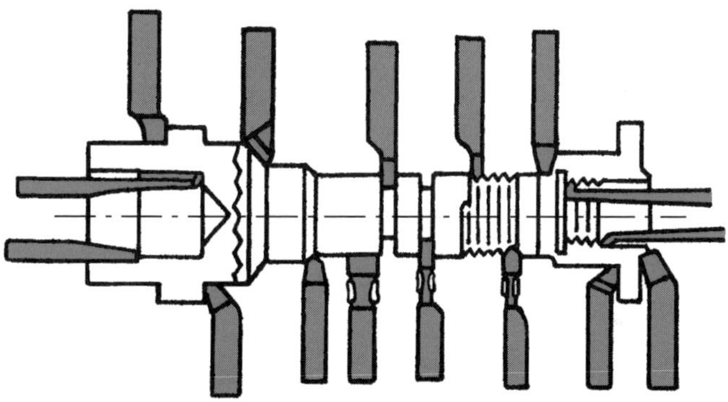

図3 旋盤での工作物の取付け方法

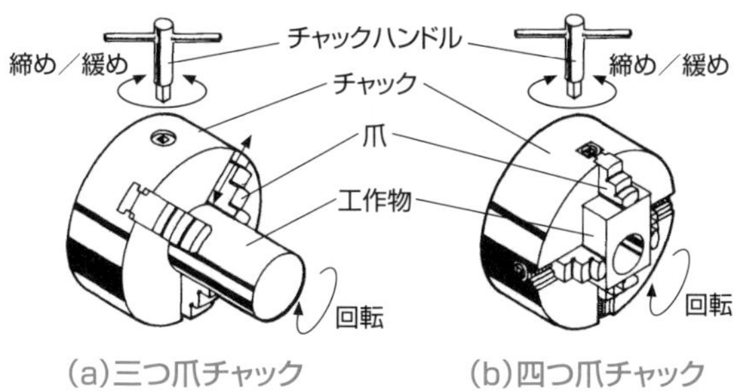

(a)三つ爪チャック　(b)四つ爪チャック

用語解説

切れ刃：切削工具において、工作物を切りくずと切り離す起点となる工具の鋭いエッジのこと。
二番面：内周加工で工具の踵が加工面と接触しないように削る二段目の逃げ面のこと。

35 フライス盤・中ぐり盤で行う加工

角物部品をつくり出す加工が得意

フライス盤や中ぐり盤では、主として角物部品をつくり出す加工が可能です。旋盤と大きく異なる点は、主軸に取り付けた工具を回転させ、テーブルに固定した工作物を前後・左右・上下に直進運動させて除去加工を行い、平面や溝などを削り出すことです。

フライスとは、円筒または円板の外周や端面に多数の切れ刃をもつ切削工具（多刃工具）の総称です。この工具による加工をフライス削りと呼びます。25に示したようにフライス盤には主軸の向きが横と立ての二つの構造形式があります。

図1は横フライス盤でのフライス工具による加工例です。(a)の平フライスは外周の切れ刃により平面を仕上げます。(b)の側フライスは外周面とその側面に切れ刃をもち、溝の平面や側面を仕上げます。(c)や(d)の総形フライスは工具形状をV字形や丸形に成形してあり、その形状を転写するように溝を仕上げます。

図2は立てフライス盤で行う主要な加工の例です。(a)の正面フライスは、一端面と外周面に切れ刃をもつフライス工具であり、平面を仕上げます。(b)と(c)は、外周と端面に切れ刃をもつエンドミルで可能な加工であり、側面（とその底面）、ポケット、溝などを仕上げます。(d)のあり溝フライスはハの字形の案内面用の溝を仕上げる特殊な工具です。

中ぐり盤は水平主軸の横中ぐり盤がほとんどです（25の図3参照）。中ぐりとは穴をくり広げる切削加工のことです。**図3**(a)のように主軸に取り付けたボーリングバーを回転させ、工具側または工作物側に直進運動を与えて、(b)のように既存の穴を削りしろだけ加工し、所望の寸法精度に仕上げます。既存の穴はドリルや荒加工の中ぐりにより事前に加工しておきます。中ぐり盤の主軸は繰り出し可能なクイルを備えており、その直進運動で深穴の仕上げを行えます。

以上の基本的な加工のほかに、フライス盤や中ぐり盤ではドリルによる穴あけがよく行われます。

要点BOX
- ●主軸に取り付けた工具を回転させる
- ●フライス削りに多刃工具を使う
- ●中ぐりとは穴をくり広げる切削加工のこと

図1　横フライス盤による加工

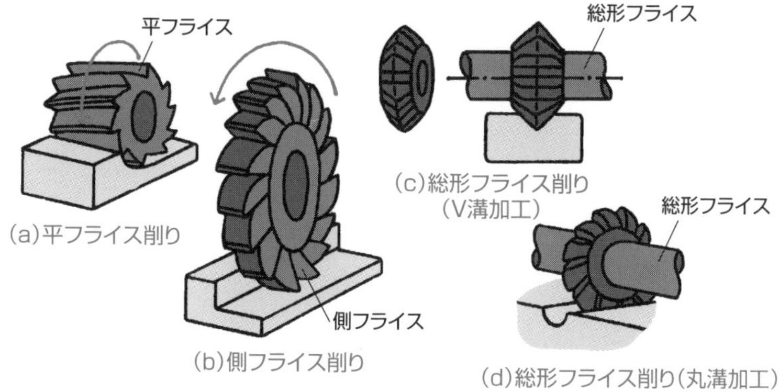

図2　立てフライス盤による加工

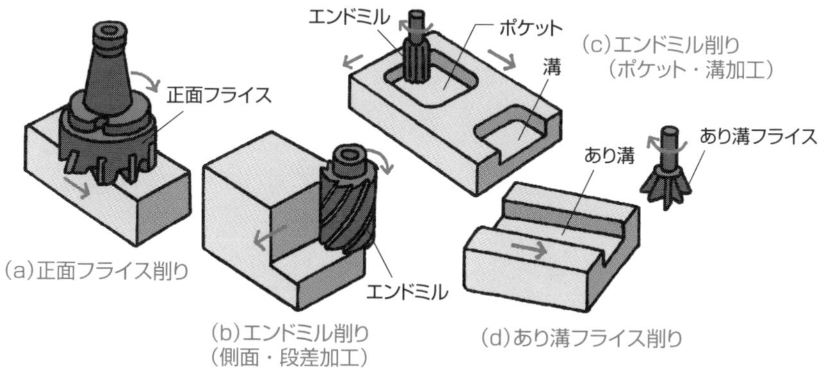

図3　中ぐり盤による加工

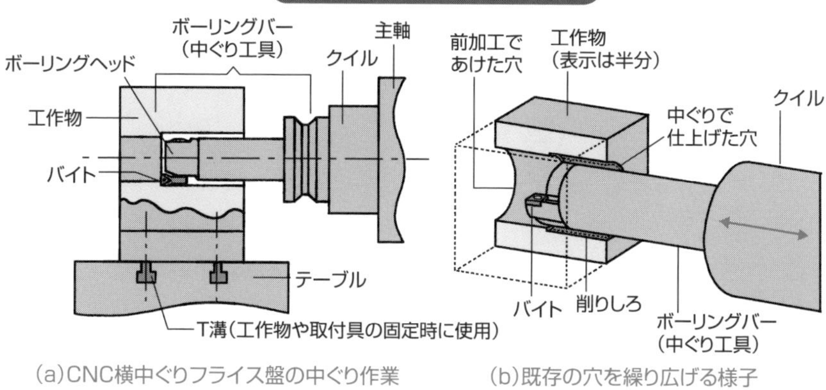

36 フライス削り・中ぐりに必要な工具

フライス作業に必要なフライス工具(ミーリングカッタ)は種類が多く、JISでも詳細に規定されています。フライス工具は基本的に多刃工具であるため、切りくずは分断して排出され、加工時に生じる切削力は断続的に作用するという特徴があります。

図1に代表的なフライス工具を示します。横フライス盤では(a)~(d)、(f)、(g)の工具を使用し、立てフライス盤や横中ぐり盤では(e)~(g)の工具を使います。

これらの工具の使い分けは、工具と工作物の相対運動に依存して平面や溝を自在に加工できるか、あるいは工具の形状がそのまま工作物に転写されてそれ以外の形状は加工できないかに関わっています。前者を創成加工、後者を成形加工と呼びます。(a)、(b)、(e)、(f)は所望の平面、溝、ポケットなどを自在に加工できるので、創成加工用の工具です。一方、(c)や(d)はV字や丸形の輪郭形状のみ、また(g)は特定の直径の穴のみが加工可能なので成形加工用の工具です。

ところで、(h)のタップはめねじを立てるときに使う工具ですが、CNCフライス盤やCNC横中ぐりフライス盤の中でも、主軸に同期タップ機能をもつ機種であれば、ホルダを介して主軸に取り付け、NCプログラムの指令でねじ立てを行えます。同期タップ(リジッドタップ、シンクロタップ、ダイレクトタップ、ソリッドタップともいう)機能とは、タップが1回転すると工作物がねじの1ピッチ(隣接したねじ山の間隔)分だけ同期して送り込まれる機能です。この主軸回転と送り軸の同期機能がない機種では、タッパーという特殊なホルダにタップを取り付け、作業者が手動操作で工作物に寸動送りを与え、タップの食付き状態を監視しながらねじ立てを行います。

図2は35の図3に示した中ぐり工具の具体例です。ボーリングヘッドの形状寸法は様々あり、交換式です。ヘッドは、バイトの刃先位置をミクロン単位で半径方向に調整できる機構を備えています。

要点BOX

- ●フライス工具は基本的に多刃工具
- ●切りくずは分断して排出される創成加工と成形加工
- ●中ぐりはバイトを回転させて工作物に送り込む

図1　代表的なフライス工具

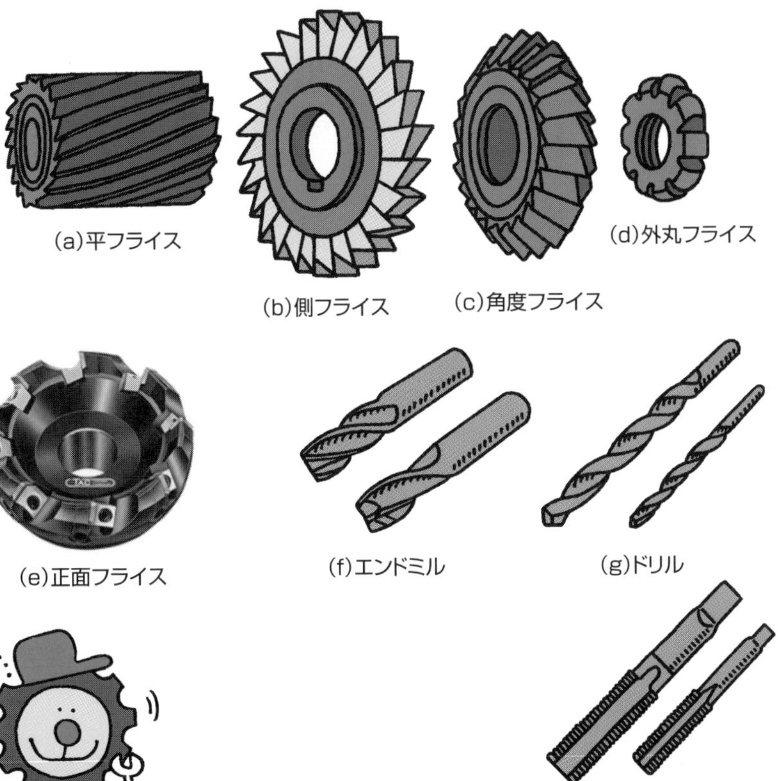

図2 中ぐり工具の例

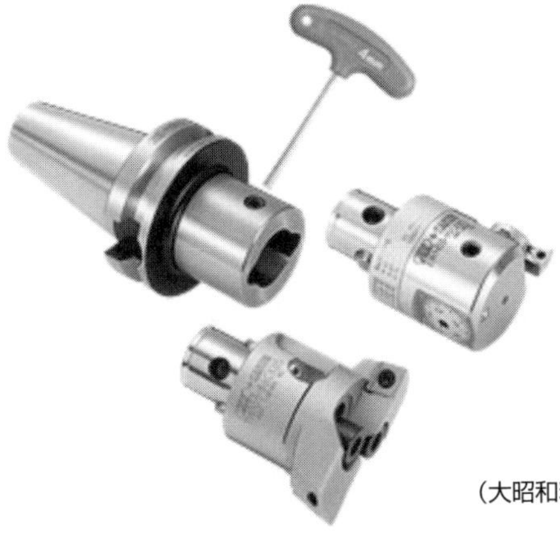

（大昭和精機）

37 フライス削り・中ぐりに用いるツールホルダ・取付具

工具や工作物をしっかり固定する

ツールホルダとは、マシニングセンタ、フライス盤、中ぐり盤などの主軸に工具を取り付けるときに必要となるインタフェースの役割をする工作機器です。ツールホルダと工具を含めて「ツーリング」と呼び、それらが体系的に構成されたものを「ツーリングシステム」といいます。

図1は7／24テーパ規格のBT（ボルトグリップテーパ）主軸にBT規格のツールホルダが結合された状態です。左端のエンドミル工具はミーリングチャックのチャック部に把持されます。工具の取付けは、ツールホルダを主軸に取り付ける前に、外段取りで1本ずつ行います。つまり、工具1本につき1本のツールホルダが必要です。シャンク部が主軸に装着されると、プルスタッドが鋼球を介したドローバーで右方に引っ張られ、主軸への結合が完了します。

ツールホルダについては、主軸–ツールホルダ間、ツールホルダ–工具間に様々な結合方式が考案されています。例えば、主軸–ツールホルダ間の規格には高速回転に対応した1／10テーパ（ショートテーパ）があり、その種類にはHSKやKMなどがあります。しかし、これらの互換性は確保されていません。

一方、工作物をテーブル側に固定する工作機器の総称を取付具と呼びます。最も一般的な取付具は、**図2**に示すマシンバイス（万力）です。バイスは工作物の迅速な交換が可能であり、固定口金とベース上面の直角度が確保されています。工作物を把持したときに、過大な締付け力を作用させると、バイス自体が弾性変形してしまい、本来の取付精度を保てません。不足した締付け力では、切削時に工作物が外れる危険性があります。

バイスへの取付けが困難な複雑形状の工作物は、**図3**のように各種の構成要素からなるモジュラ構成取付具を活用した取付けが行われます。組立て時には、工作物の交換や切りくず排除の容易さに配慮します。

要点BOX
- ●ツールホルダと工具を含めてツーリングと呼ぶ
- ●工具1本につき1本のツールホルダが必要
- ●工作物をテーブル側に固定するのが取付具

図1 ツールホルダシステムとその取付け

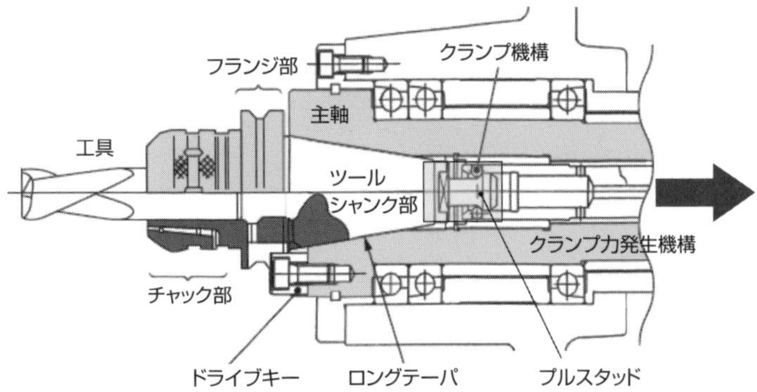

図2 工作物の取付具と各部の名称①：万力

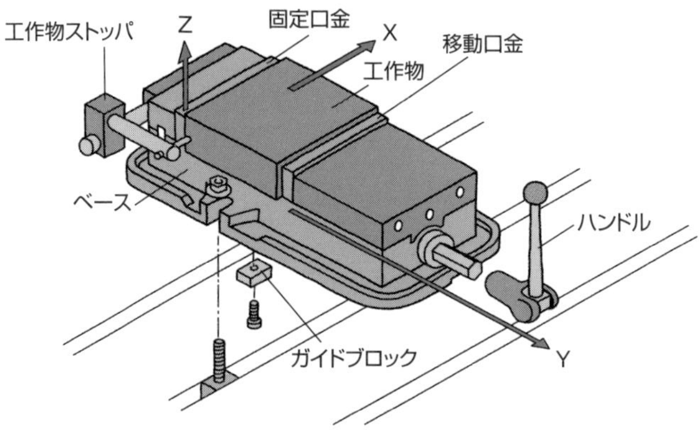

図3 工作物の取付具②：モジュラ構成取付具

(a) 立て形工作機械用

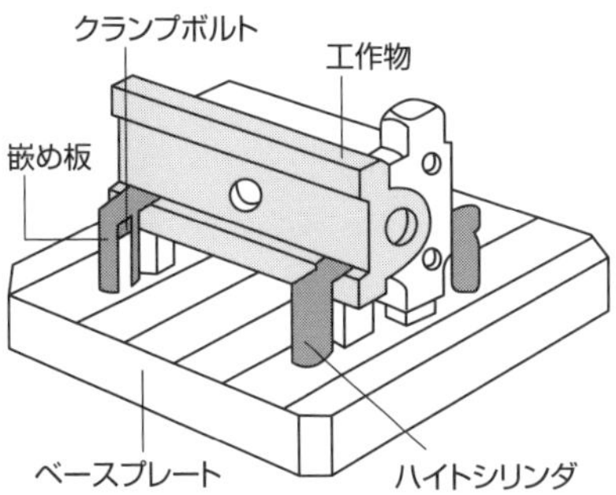

(b)横形工作機械用モジュラ治具

（System3R）

38 ボール盤を用いた加工とその工具

ドリル、リーマ、タップ、エンドミルなどを用いる

ボール盤は使用する工具を適切に選んで多様な加工を行える工作機械の一つです。

図1(a)の穴あけは、回転するドリルに送りをかけて工作物に穴を加工します。穴の種類には、穴深さが工作物の途中までの止まり穴と、工作物を貫通する通し穴があります。止まり穴の深さは、ボール盤のハンドルに送り量を示す目盛りがあり、それを目安にして調整します。

同図(b)はリーマという工具を使って既存の穴を精度良く仕上げる加工です。(c)のタップ立てでは、めねじの下穴をドリルであらかじめあけておきます。手動でねじ立てする場合は、ボール盤主軸を手動で回転させて工作物にタップをねじ込みます。他方、機械タップといって、主軸の1回転がタップの1ピッチの送りに同期した機能を備えるタッピングボール盤では、ピッチに応じた設定を行えば自動送りでねじ立てが可能です。

一方、(d)～(f)は各種の座ぐりを行う例です。(d)の座ぐりは工作物上面をわずかに削り、座金やボルトのすわりをよくします。(e)の深座ぐりは、六角穴付きボルトの頭部を工作物の中に沈め込む場合に用います。(f)のさら座ぐりは皿ボルトの頭部形状に合わせた加工方法です。(g)の中ぐりも可能ですが、加工精度はボール盤主軸の回転精度に左右されます。

ドリルの取付け部をシャンクと呼び、**図2**のように真直ぐな(a)のストレートシャンクと約1／20のテーパをもつ(b)のモールステーパ（MT）シャンクがあります。(a)のシャンクはドリルの呼び径が13㎜以下で多用され、(b)は比較的大径のドリルに適用されます。

ボール盤の主軸端は一般にMT（一部ジャコブステーパ）なので、ストレートシャンクドリルを取り付けるためには、**図3**のドリルチャック（チャックのシャンクはMT）をボール盤主軸に取り付け、ドリルを把持します。

要点BOX
- ●多様な加工ができる
- ●穴の種類には止まり穴と通し穴がある
- ●ドリルの取付け部をシャンクという

図1　ボール盤による各種の穴加工

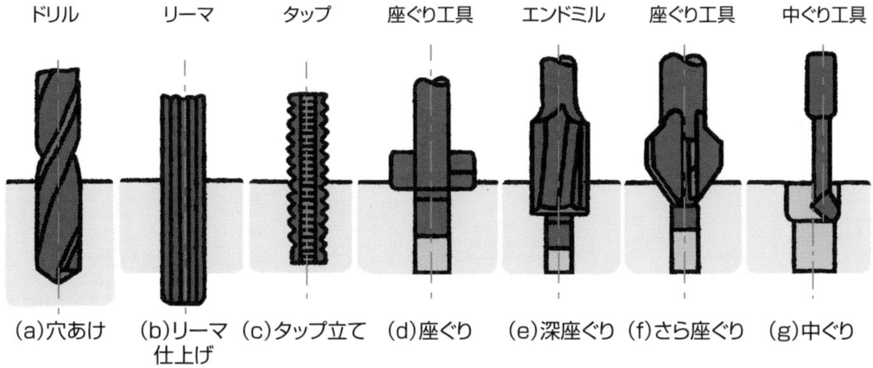

図2　穴あけ用工具の形状

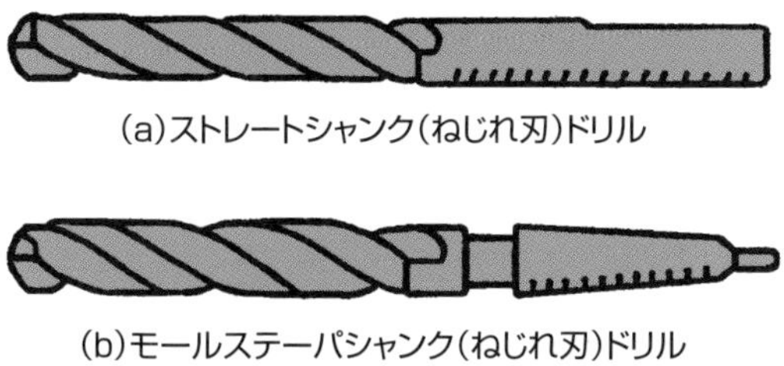

図3　ドリルのチャックへの取付け

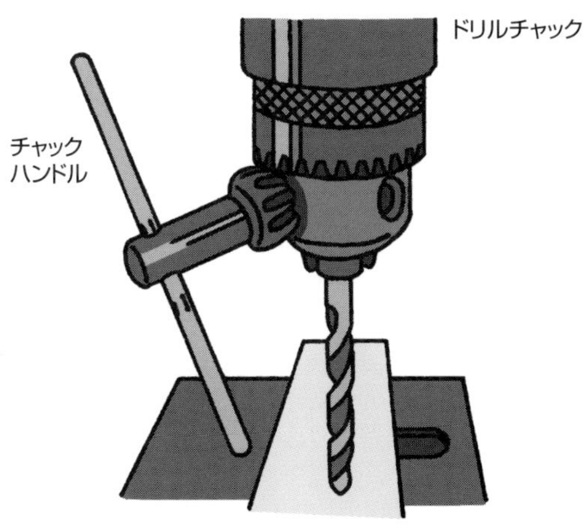

39 研削盤で行う加工(1)

円筒研削盤と平面研削盤、内面研削盤で仕上げを役割分担

研削盤は、旋盤やフライス盤などで切削加工した機械部品を、より高い寸法精度と表面性状に仕上げる工作機械です。切削加工よりも削りしろ（研削しろ）ははるかに少なく、粗研削から仕上げ研削まで累積しても数十ミクロンの加工量です。

丸物部品の表面仕上げには27に示した円筒面加工用研削盤を使用し、角物部品や板物部品の表面仕上げには28の平面研削盤を用います。

円筒研削盤は丸物工作物を両センタで支え、円筒やテーパなどの外周面の研削仕上げを行います。円筒研削盤の研削方式には図1(a)のプランジカットと(b)、(c)のトラバースカットがあります。プランジカットは特定の外周面だけを研削仕上げする場合に用います。砥石台に切込み運動を与えて研削し、工作物の位置は固定です。トラバースカットは広い加工領域に渡る外周面を研削仕上げする場合に用います。(b)では砥石台を固定して工作物に送り運動を与えますが、(c)では工作物を固定しておき砥石台に送り運動を与えます。円筒研削盤の作業範囲は実に広く、図2のような各種の研削作業を行えます。

内面研削盤は主として前加工された穴の内面の研削仕上げを行います。円筒研削に比べて、内面研削に用いる砥石は小径です。例えば、燃料噴射ノズルの穴内面の研削では1㎜以下の極小径の砥石が使われます。通常の研削方式は図3(a)の工作物回転形ですが、(b)のプラネタリ形のように砥石が回転と送りの両方の運動（遊星運動）を行う研削方式もあります。

内面研削盤で行える研削作業は図4に示すように、穴の内面に沿って連続的仕上げを行う(a)のトラバースカット、特定の内周面や外周面を仕上げる(b)のプランジカット、円筒の端面を仕上げる(c)の端面研削、内外径の面取り部を仕上げる(d)の面取り仕上げなどがあり、多様な加工要求に応えられます。部品が小さいため、スクロールチャックやコレットなどで把持します。

要点BOX
- ●円筒研削盤は外周面の研削仕上げを行う
- ●円筒研削盤の作業範囲は広い
- ●内面研削盤は穴の内面の研削仕上げを行う

図1　円筒研削の方式

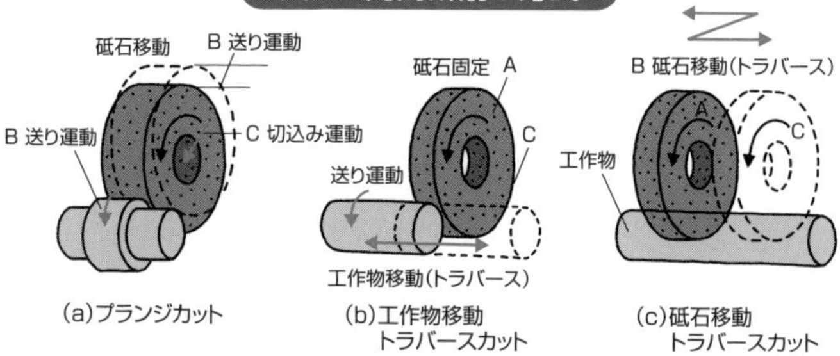

図2　円筒研削盤による研削作業の例

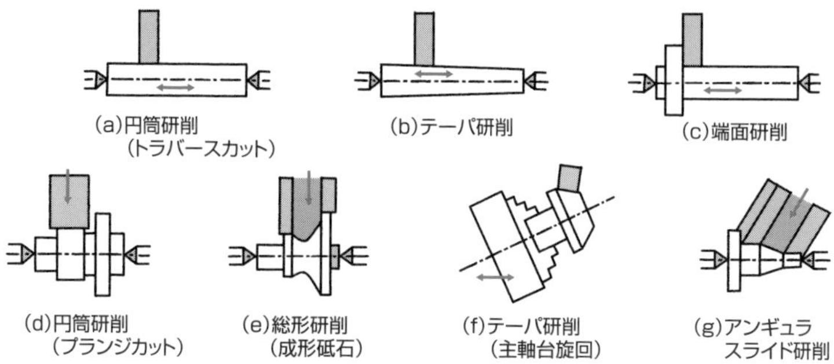

図3　内面研削の方式

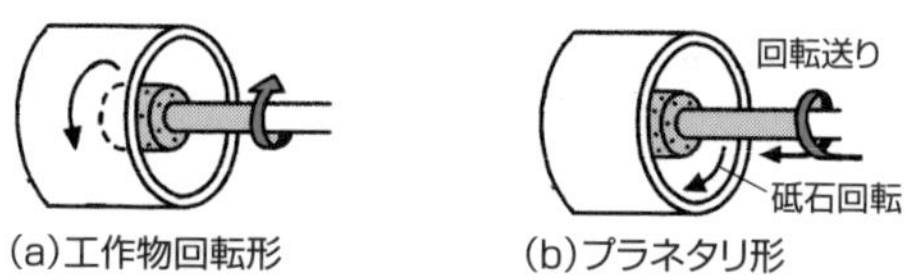

図4　内面研削盤による研削作業の例

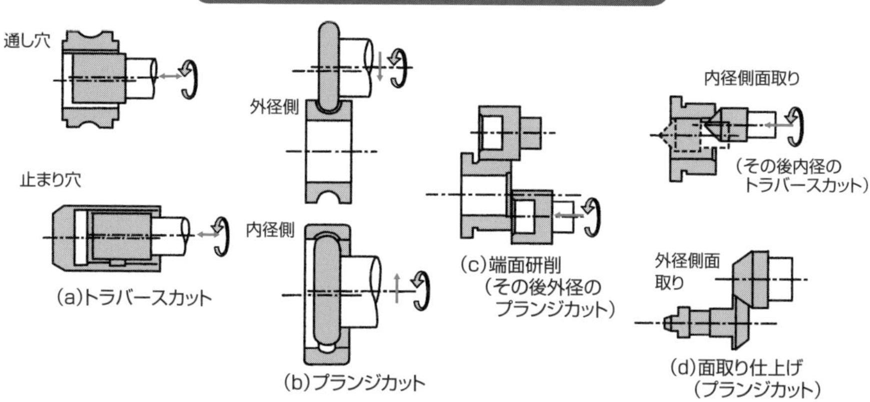

この項のすべての図の出典：「機械工作法」雇用問題研究会

40 研削盤で行う加工(2)

丸物部品の研削仕上げを行う心なし研削盤

丸物部品の中には、平行ピンや円筒ころ軸受のころのように、外周面の全長に沿って研削仕上げを必要とするものがあり、工作物の固定支持を行うことは研削加工の妨げになります。このような丸物部品の研削仕上げには心なし研削盤を用います。

心なし研削加工は、**図1**の原理図のように丸物工作物を固定せずに、砥石と調整車と支持刃（ブレード）の3点で支えて加工する研削法です。工作物は、回転する調整車との摩擦により回転します。調整車はゴム成分が主体の結合剤を用いた砥石の一種ですが、研削作用はありません。心なし研削盤は工作物を固定しないで研削加工するため、工作物の供給を迅速にでき、量産品の仕上げ加工に向いた研削盤です。

同図ⓐは単純なプランジ送り研削方式で「送り込み方式」とも呼ばれます。調整車と支持刃で支えた工作物に砥石が切り込み送りをして研削します。砥石を成形しておくことで、工作物の外周輪郭を一気に研削できます。ⓑのトラバース送りは通し送り方式とも呼ばれます。砥石と調整車の間隔を一定にして調整車の軸心を砥石の軸心に対して傾けることで、工作物に回転運動と送り運動を与えながら、砥石の一端から他端まで工作物を送る間に研削できます。ⓒのプランジ送りは、ワークレストで工作物を砥石と調整車間に送り込む方式です。ⓓは支持刃を連続的なキャリアに置き換えたもので、キャリアが循環して工作物を砥石の接線方向に送り込みます。単に接線送り方式とも呼ばれます。

角物部品の研削仕上げは平面研削盤で行い、28の図1に示す各種の加工様式があります。また平面研削は金型や工具などの高精度仕上げにも使われます。**図2**ⓐはタービンブレードのクリスマスツリー部を総形研削する例です。砥石の輪郭形状は、予めロータリードレッサでツリーの輪郭に成形されます。ⓑはCNC平面研削盤で金型の自由曲面を仕上げる輪郭研削です。

要点BOX
- ●心なし研削加工は、丸物工作物を固定せず砥石と調整車と支持刃の3点で支えて加工する
- ●金型などの高精度仕上げに使われる平面研削

図1　ピン類の高能率研削加工：心なし研削

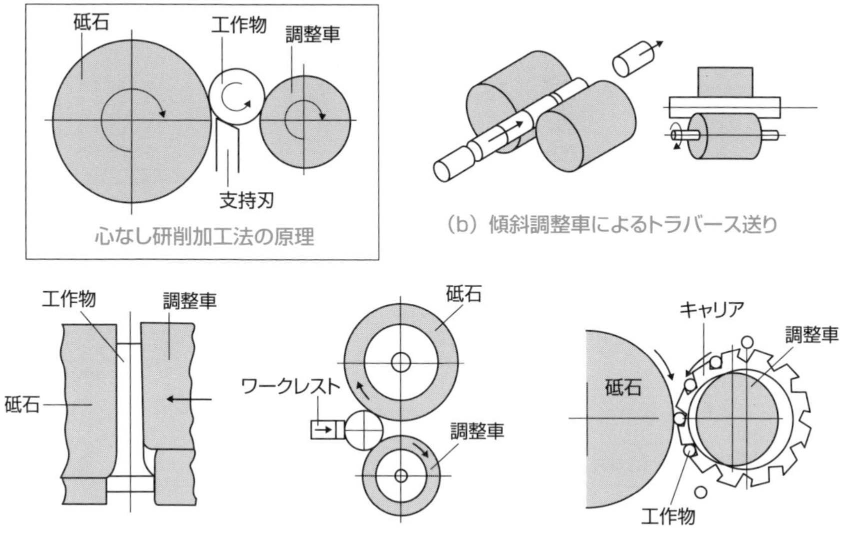

（b）傾斜調整車によるトラバース送り

（a）調整車による
プランジ送り

（c）ワークレストによる
プランジ送り

（d）キャリアによる接線送り

（清水）

図2　金型の精密研削：成形研削

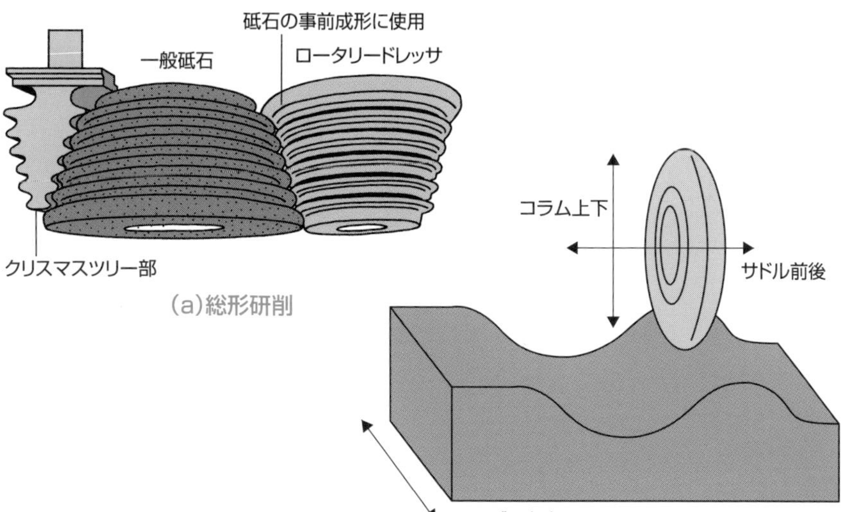

（a）総形研削

（b）輪郭研削

41 研削加工に用いる工具とその取扱い

砥石の取扱いは注意事項が多い

研削用の工具である研削砥石は焼成して製造し、微小な切削作用を行う砥粒（アルミナなどの高硬度材料）と、砥粒間をつなぎ止める結合剤（ボンドとも呼ばれ、粘土系ほかの材料）からなり、砥石の中に気孔という空隙が分布しています。切削工具のバイトと比べると、砥石の外周上には明確な切れ刃の稜線がありません。個々の砥粒は外周上に不規則に分布して複数の微細な切れ刃を構成し、それらの微小な切削作用が統合して研削作用をもたらします。

さらに、砥石の特徴は、研削加工の進行に伴い、それまで切れ刃だった砥粒がその役目を終えると次第に脱落します。すると、新たな砥粒が待ち構えていたかのように切れ刃として現れます。これを「砥石における砥粒切れ刃の自生発刃作用」といいます。

研削主軸への砥石の取付けは、**図1**のように砥石フランジで砥石を保持して行います。パッキングは砥石とフランジ間の当たりや座りを改善します。組立て直後には、わずかな不釣り合いが残ります。

このような砥石交換を含めて、研削盤作業では労働安全衛生法や同規則で注意事項が厳しく決められています。例えば、砥石交換作業は特別に指名された者以外は行えません。

組立て直後の砥石フランジの不釣り合いは、**図2**の静バランシング作業で修正できます。アーバは精密仕上げをほどこした基準軸で、不釣り合いはほぼゼロです。図2（右）のようにバランス台に砥石フランジを載せると、最大の不釣り合いをもつ重心方向が鉛直下方に回転し、静止します。ここで図1のバランスウエイトを円周方向に移動して調整・固定し、不釣り合い量を修正します。

研削砥石を研削主軸に初めて取り付けたとき、または研削作業中に切れ味が劣化したときなどは、**図3**(a)のドレッサという工具を使って、砥石外周面に切れ刃を作り出す(b)のドレッシング（目立て）を行います。

要点BOX
- ●研削砥石は焼成して製造する
- ●研削砥石は微細な切れ刃役の砥粒、砥粒間をつなぎ止める結合剤、空隙で分布する気孔からなる

図1　砥石のフランジ

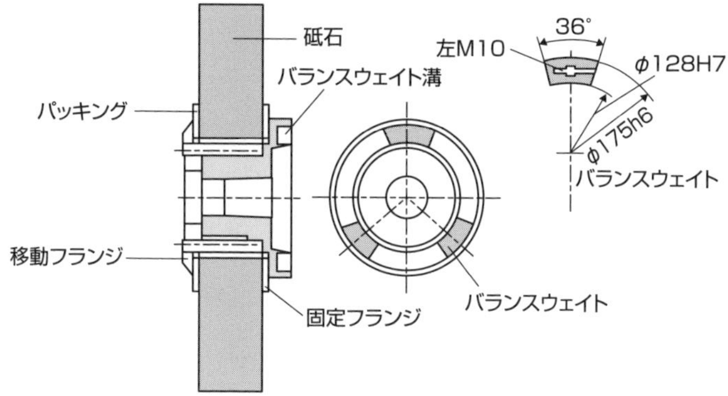

図2　砥石のバランシング

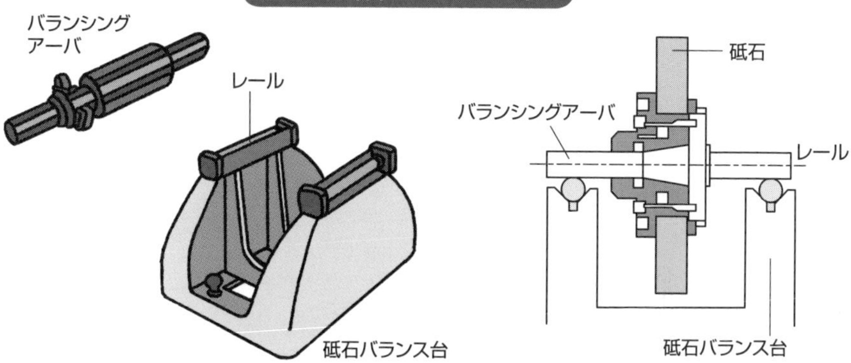

図3　砥石のドレッシング

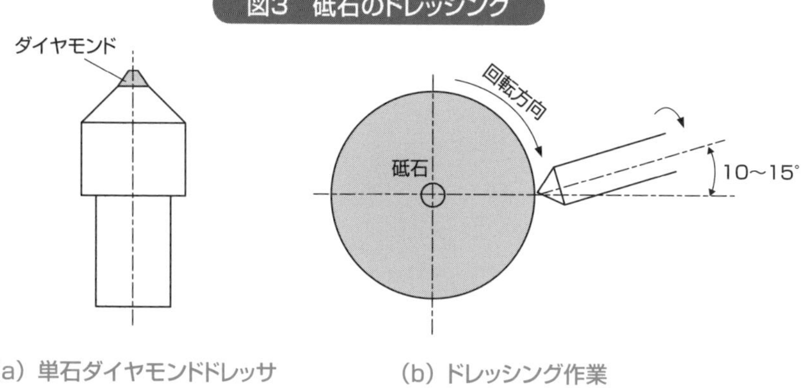

(a) 単石ダイヤモンドドレッサ　　(b) ドレッシング作業

42 研削加工に用いる取付具

工作物を高精度に保持する

円筒研削盤や平面研削盤の研削加工でも工作物を保持するための取付具が必要です。研削加工の場合の特徴的なことは、研削が精密な仕上げ工程であるため、工作物の保持を高精度に行うことです。研削方式に応じて、様々な取付具や取付方法がありますが、ここでは一般的な取付具を紹介します。

丸物工作物を研削仕上げする円筒研削盤や内面研削盤の取付方法には、**図1**のように工作物の両端を支持する(a)のセンタ作業や、工作物の片側を支持する(b)のチャック作業があります。

(a)は全長が比較的長い工作物の場合に用いられ、工作物左端を工作物主軸台側のセンタで、右端を心押台側のセンタで支持します。このため、工作物の両端にはセンタを接触させるためのセンタ穴をあらかじめ加工しておきます。主軸端には回転駆動のためのドライブピンがあり、工作物に取り付けた回し金(ケレー)を介して工作物に回転運動を与えます。一方の(b)は、丸物工作物の全長が比較的短く、片持ちで支持しても研削力による弾性変形が工作物に生じにくい場合に用いられます。

平面研削で広く用いられている平面研削盤(28の図2参照)では、図2(a)のように電磁チャックという取付具をテーブル上に固定し、この上に磁力で工作物を取り付けます。この場合、対象工作物は磁性体に限られます。(b)の永久磁石方式では、チャック内の永久磁石を左図から右図のようにスライドさせ、磁力線が強く作用する状態にして工作物を吸着します。(c)の電磁石方式は、内蔵されたコイルに通電することで磁力線のオン／オフ制御を行い、工作物を着脱します。

工作物には、磁力が効かない材料、薄く変形しやすい部品、薄肉で脆い部品などもあります。これらの取付具には、研削用精密バイス、真空チャック、熱可塑性接着剤、冷凍チャックなどが使われます。

要点BOX

- ●工作物の両端を支持するセンタ作業
- ●工作物の片側を支持するチャック作業
- ●平面研削盤では電磁チャックを用いる

図1　円筒研削における工作物の取付け

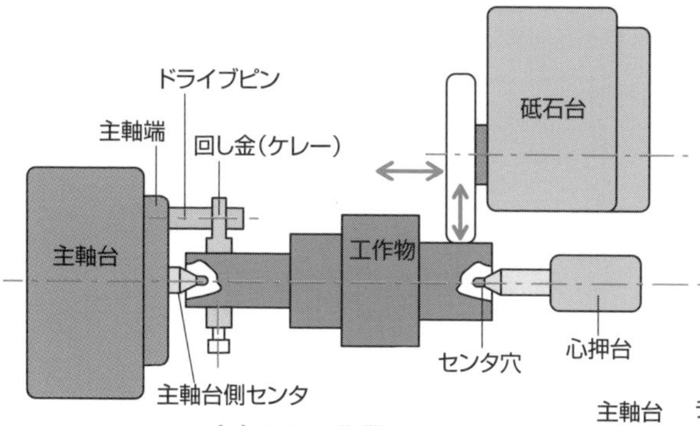

（a）センタ作業

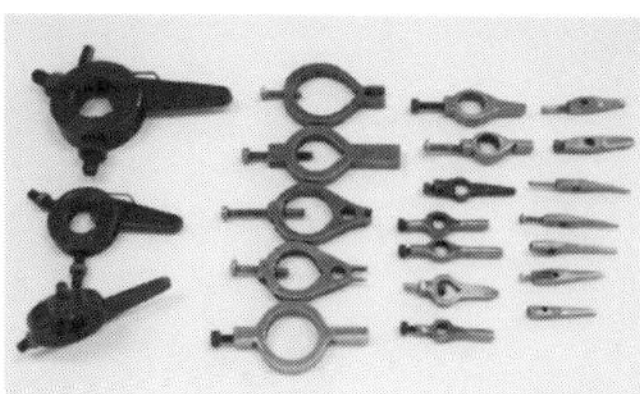

回し金（ケレー）の例　（ジートライズ）

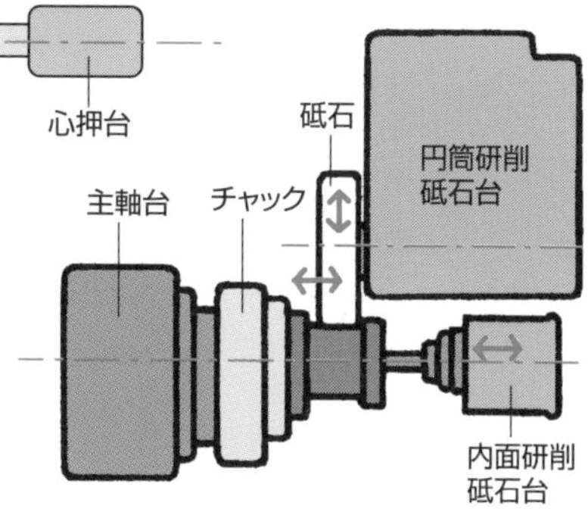

（b）チャック作業

図2　平面研削における工作物の取付け

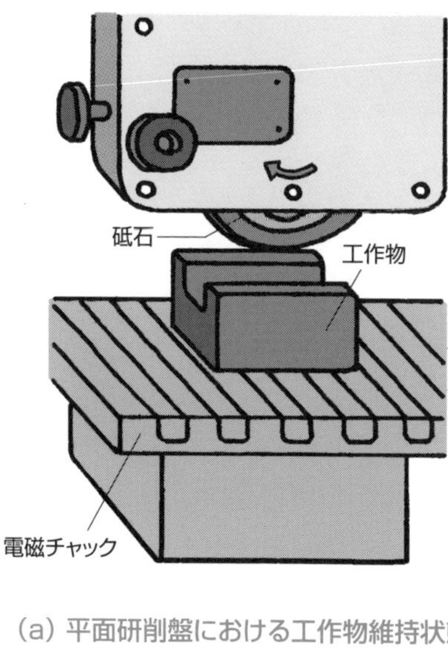

（a）平面研削盤における工作物維持状態

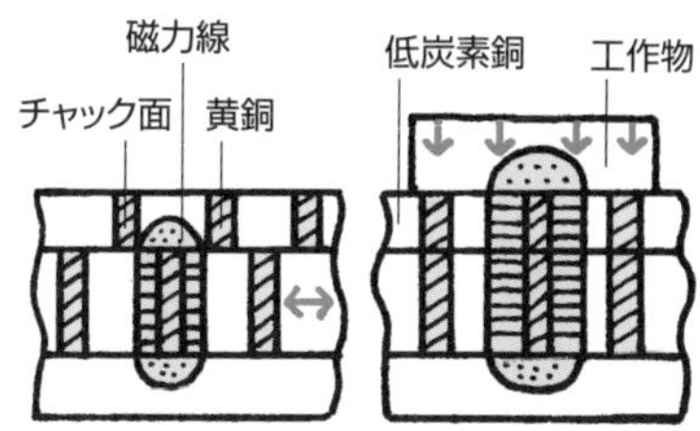

（b）永久チャックの原理

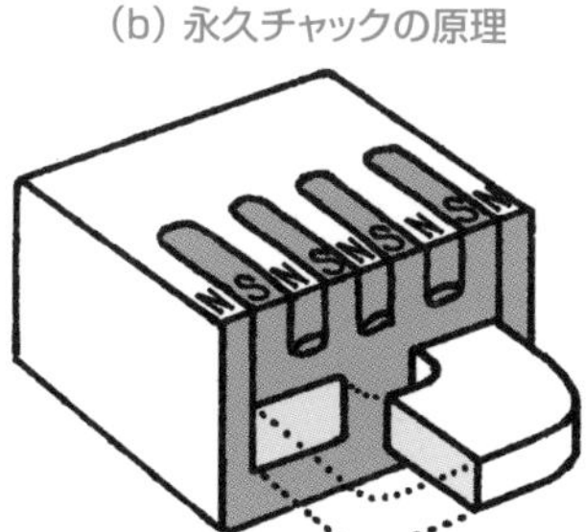

（c）電磁チャックの原理

43 表面仕上げ工作機械で行う加工(1)

穴の内面を仕上げるホーニング加工

図1はホーニング盤（29の図1参照）で穴の内面を滑らかに仕上げるときの加工原理図です。ホーンという工具は、左図のように円周上に分割配置した砥石からなります。各砥石はホーン内部に設けたばねや油圧の力で半径方向に広がります。ホーンを穴の内面に挿入すると、砥石の外周面から穴の内面に一定の加圧力が働き、定圧での仕上げ加工が行われます。

ホーンには回転運動と穴の軸方向への往復運動を同時に与えます。ホーンの運動は、図中のように軸方向のストローク内で往復し、その間に回転も行うので、砥石が通過する仕上げ面上の軌跡は正弦波状になります。複数個配置された砥石の軌跡は互いに位相がずれているので、これらの軌跡が重なり合うと、穴の内面には図中のようなあや目模様（クロスハッチ）ができあがります。

通常のホーニング加工では、仕上げしろが0・005〜0・010㎜、得られる表面粗さがRz1〜4μm程度です。また、ホーニング加工の工程を二段階に分けて荒加工と仕上げ加工を行うと、Rz0・2〜0・4μm程度の仕上げが可能です。ホーニング加工は油圧シリンダ、エンジンのシリンダ、顕微鏡の接眼鏡筒などの仕上げ加工に用いられます。

超仕上げ盤（29の図2参照）で行う超仕上げ加工（スーパーフィニッシュ）は、工作物表面をさらに平滑にする精密仕上げ方法です。超仕上げ加工は主に円筒の外面や内面、平面の仕上げに使われ、砥石を成形すれば曲面にも対応できます。**図2**のように砥石を工作物に低い一定圧力で押しつけるとともに、砥石に数十ヘルツの振動を重畳させながら送り運動を与えます。この振動と送りの重畳運動を「オシレーション」と呼びます。その結果、工作物表面には活発な塑性流動が起こり、鏡面を能率的に得ることができます。加工した表面は耐摩耗性が高く、さびにくくなり、機能的に強い面になります。

要点BOX
- ●ホーンという工具を用いる
- ●超仕上げ盤では工作物表面をさらに平滑にする
- ●超仕上げ加工の砥石送りには振動を重畳させる

図1　ホーニング加工

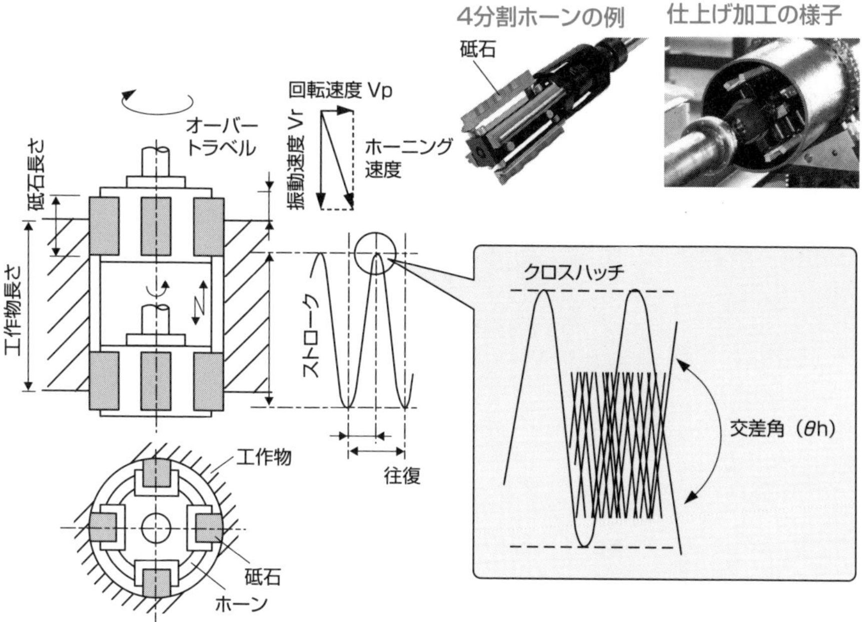

（日本機械学会編「加工学I －除去加工－」，p.78）

図2　超仕上げ加工

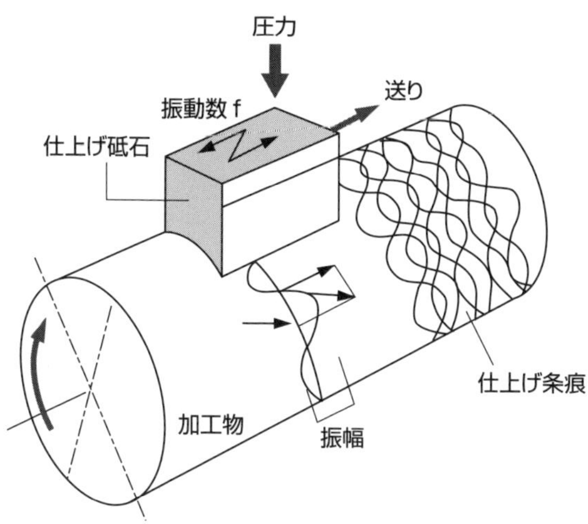

44 表面仕上げ工作機械で行う加工(2)

表面粗さ、寸法精度、形状精度を確保

29の図3のラップ盤で行う仕上げ加工がラッピングです。39～43の仕上げ加工は、特定形状の砥石による加工(固定砥粒加工)ですが、ラッピングでは図1(左)のように工作物とラップ定盤の間にラップ剤(ダイヤモンド砥粒など)とラップ液を介在させ、工作物と砥粒間の相対運動で加工します。この加工法を遊離砥粒加工と呼びます。ラッピングは研磨加工法の一種であり、前加工した工作物表面を砥粒で微小量だけ削り取り、表面粗さ、寸法精度、形状精度を確保します。

図1(右)のように、ラッピングの加工メカニズムには、砥粒が保持された状態で加工する引っかき作用(バニッシュ作用)と、砥粒が転動しながら加工する転がり作用(転動作用)があります。さらに、工作物表面、ラップ剤、ラップ定盤の硬さの大小関係により、工作物の外観が大きく変わります。転動作用が主体の除去加工をラッピングまたは粗ラッピングといい、工作物表面は梨地になります。このときの硬さは、ラップ剤(砥粒)＞工作物＞ラップ定盤の序列です。これに対し、バニッシュ作用が主体のラッピングでは、砥粒が工作物表面を研磨する働きをし、鏡面が得られます。このようなラッピング加工を、ポリッシングまたは仕上げラッピングと呼びます。

ラップ盤の加工工程はラッピングにもポリッシングにも対応できますが、工作機械は区別されています。ラップ盤は、前加工された工作物の形状精度を保って短時間で所定寸法に仕上げる機械です。ポリッシ盤(ポリシング装置)は、ラップ盤で仕上げた工作物の表面粗さを時間をかけて向上させ、鏡面を得る機械です。

また、図2のメカノケミカルポリシングでは、砥粒の機械的作用と溶液の化学的作用の複合で研磨を行います。ポリッシャ(軟質ポリウレタンなどを貼付した定盤)にポリッシ剤(コロイダルシリカ研磨剤など)を供給し、工作物を加圧しながら研磨します。得られる鏡面の表面粗さは2㎚以下です。

要点BOX
- ●ラッピングはラップ盤で行う仕上げ加工
- ●砥粒が保持された状態で加工する引っかき作用
- ●砥粒が転動しながら加工する転がり作用

図1　ラッピング加工法

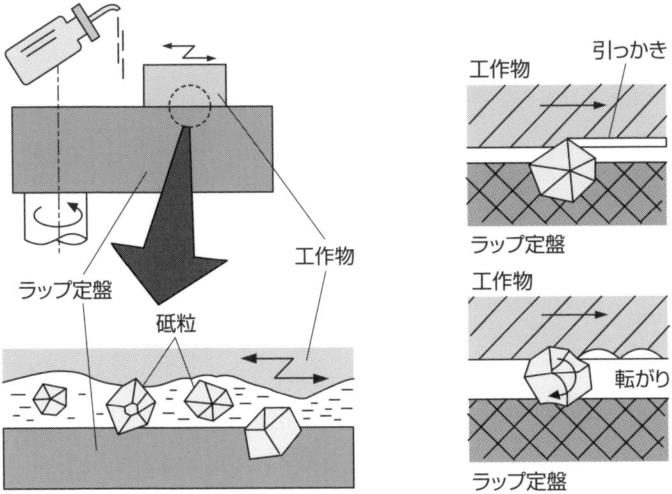

図2　メカノケミカルポリシング

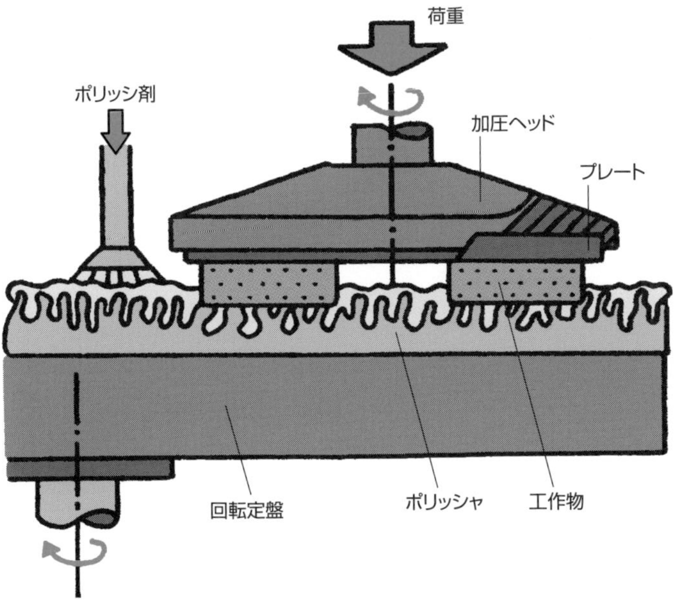

45 放電加工機で行う加工

三次元の複雑な輪郭や形状を加工

型彫り放電加工機（30の図1左）の電極材料には、銅やグラファイト、タングステンなどの熱物性に優れた導電性材料が使われます。電極の製作には事前にマシニングセンタやワイヤ放電加工機などを使います。

図1(a)は最も基本的な総形電極を使った成形加工です。Z軸方向に電極を送りながら急速な上下運動を行って工作物を除去加工します。この加工法では、電極形状がそのまま反転して工作物に転写されます。例えば、凸形の文字「B」を製作する場合、電極先端には「B」を左右反転して凹形に加工しておきます（逆も同様）。この成形加工では、所望する工作物形状ごとに電極を設計・製作します。さらに、成形加工では同図(b)のようなアンダーカットを容易に製作できます。立て穴の中に外部に通じない横穴があるような部品は、通常の切削加工では加工が不可能です。

他方、図1(c)は総形電極にX-Y軸平面で送りをかけ、まるでマシニングセンタのエンドミル加工のように溝を創成加工する方法です。CNC装置ではX、Y、Zの同時制御が可能なので、自由曲面の創成加工も行えます。

単純な成形加工は、電極の投影面積で工作物材料を除去するため、全体の除去体積に到達するまでの加工能率は低いといえます。この改善は図1(d)のように、成形加工を創成加工に置き換えることで達成できます。このほか、創成加工では電極側のC軸または工作物側のB軸（またはA軸）を使って、電極または工作物を回転させたり傾斜させたりすることで、螺旋や鼓など、複雑な形状を製作できます。

一方のワイヤ放電加工では、ワイヤ電極が工作物の表裏を通過して連続的に供給（30の図1右）されます。材料の内側から加工するときは、ワイヤを通すスタート穴を事前に加工しておきます。外側からワイヤで切り込むときはこの穴は不要です。

要点BOX
- ●放電スパークで熱的に工作物を除去加工
- ●凹部を加工する型彫り放電加工機
- ●螺旋や鼓など複雑な形状を製作できる

図1　型彫り放電加工の加工様式

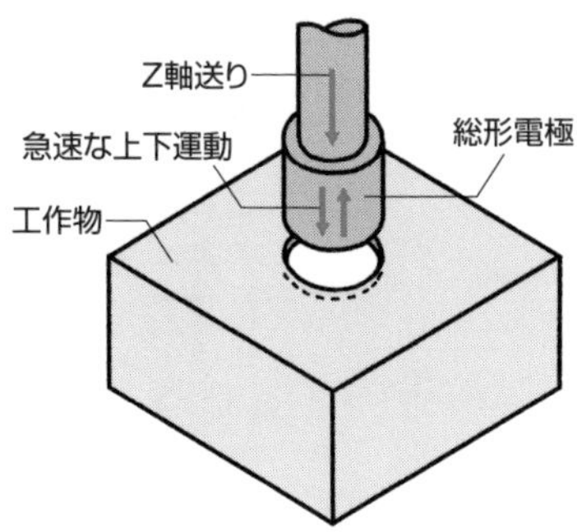

(a)総形電極による成形加工

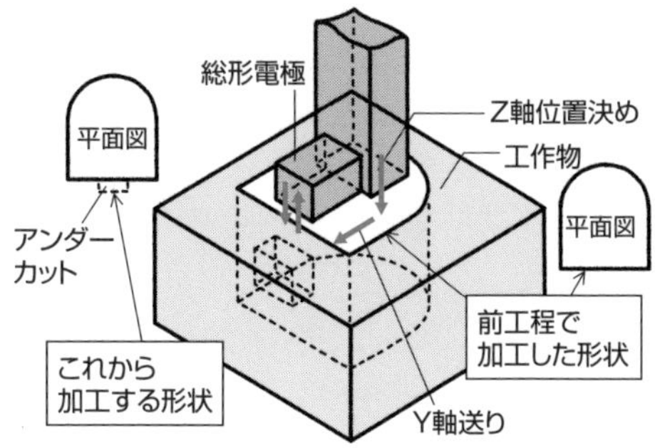

(b)アンダーカットの成形加工

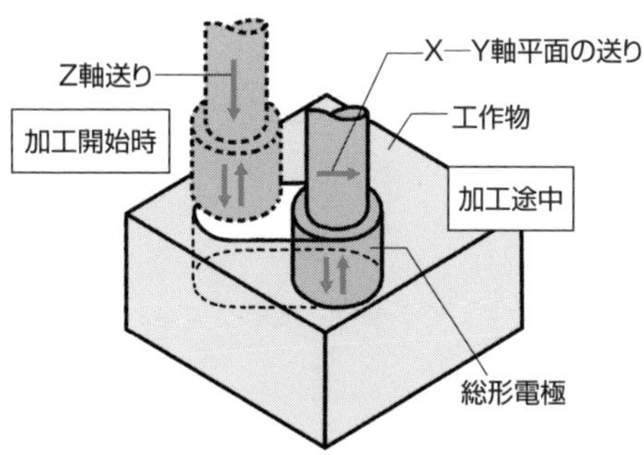

(c)総形電極による創成加工(1)

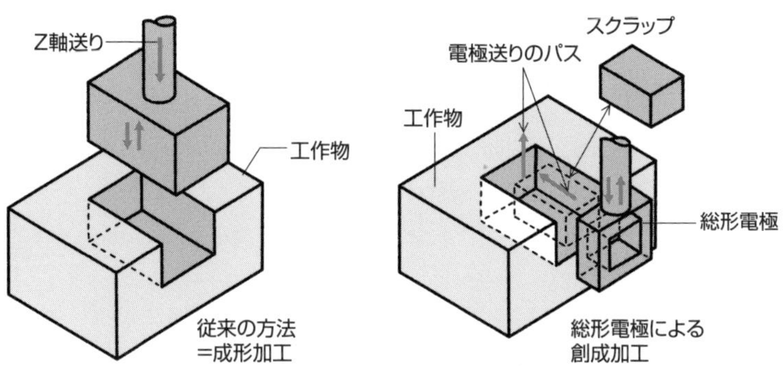

(d)総形電極による創成加工(2)

46 特定形状面加工用工作機械で行う加工

歯車やスプラインなどの機械要素形状をつくる

ブローチ盤（31の図1）で行うブローチ加工は、キー溝やスプラインなど、特定形状の加工面をもつ部品に向いた加工法であり、他の工作機械での加工法より高い生産性をもちます。その理由は、ブローチ工具に送りを与えるだけで、荒加工から仕上げ加工までを1工程で終了でき、ほんの10～20秒程度で加工が完了するからです。ブローチ工具は専用化された総形工具であり、加工法としては成形加工です。

図1(a)は内面ブローチによる加工例です。内面ブローチには工具を引っ張る「引抜き削り」と、押し出す「押抜き削り」があります。内面形状はキー溝や六角形など各種に対応できます。一方、表面ブローチは、機械部品の外面の特定形状を高速・高能率に加工する方法です。同図(b)はタービンディスクのクリスマスツリー溝の加工例です。ディスクは高温で高速回転するため、組み付けたブレードが遠心力で飛び抜けないよう、溝形状をクリスマスツリー状に設計しています。タービン系で常用される高耐熱ニッケル合金材の高精度加工に欠かせない加工法です。

次に、歯車は重要な機械要素ですが、非常に限定された特定形状をもちます。歯車の加工法を大別すると、**図2**に示す(a)成形加工と(b)創成加工があります。(a)の総形工具の切れ刃形状は、隣接した歯間の形状に成形されています。これらの成形加工法では、歯間を1個分だけ削るため、全周の歯形を得るには、工作物素材を角度割り出しし、反復して加工します。フライス盤などでも簡易的に歯車加工が可能ですが、加工能率はとても低い加工法です。

歯車加工専用の工作機械であるホブ盤（31の図2）や歯車形削り盤（31の図3）は、図2(b)の創成加工法で歯車形状を加工します。ホブなどの工具はいずれも総形工具ですが、工具と工作物が加工中に連続した相対運動（特定の幾何学的関係による運動）をする点が(a)の成形加工と大きく異なる点です。

要点BOX

- ●ブローチ加工は特定形状の加工面をもつ部品に向いた加工法
- ●歯車は非常に限定された特定形状をもっている

図1　ブローチ加工の応用例

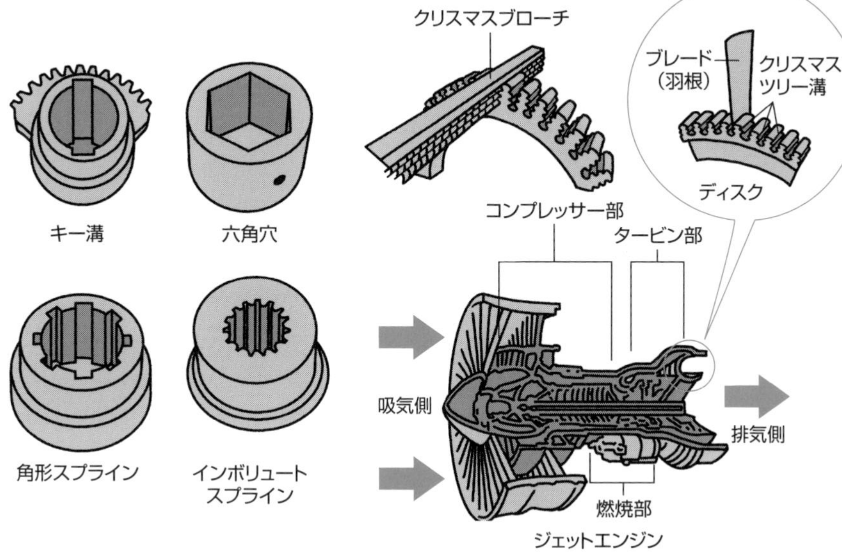

（a）内面ブローチの加工例

（b）表面ブローチ加工例
（タービンディスク）

図2　各種の歯車切削法

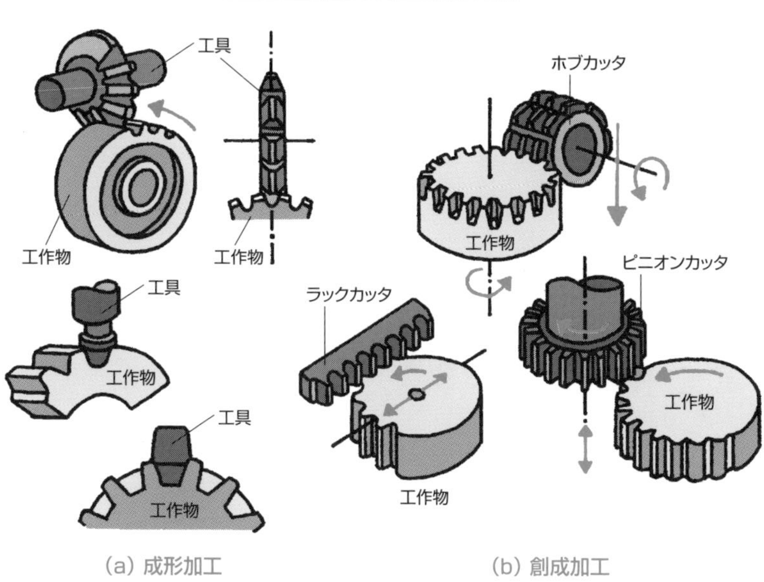

（a）成形加工

（b）創成加工

47 特定形状面加工に必要な工具

工具には加工法に応じた工夫が盛り込まれている

ブローチ工具は、**図1**(a)のように荒、中仕上げ、仕上げの切れ刃を段階的に備えているため、荒から仕上げまでの工程を1ストロークで加工できます。各工程部分には複数の切れ刃があり、個々の切れ刃に作用する切削負荷が過大にならないよう設計されています。ブローチ工具は、特定形状ごとに製作する専用工具であること、配置している切れ刃の寸法を調整し高精度な加工を要することから、その製造には時間とコストがかかります。このため、ブローチ加工は少量生産には適していません。

同図(b)は表面ブローチの切削の様子です。一定ピッチの切れ刃は、左から右の順に工作物への切り込みを少しずつ深くしてあります。1刃ごとの切削量はわずかであり、1ストロークの総切削量は複数切れ刃の切削量の累積になります。ブローチ工具では、荒から仕上げまでの各工程の切れ刃部分において、総切削量が適切になるよう設計されています。

図2は歯車の創成加工に使う専用工具です。ラックとは直線状に歯を配置した歯車です。円筒歯車とかみ合わせると、直線運動と回転運動の相互変換が可能です。ラックの形状を切れ刃にした工具が(a)のラックカッタです。ラックカッタによる歯切りは31の図3の①から④のシーケンスで行われます。

図(b)のピニオンカッタは歯車対の片側を工具に置き換えた専用工具です。カッタは上下運動と回転送りを行い、工作物は同期した回転送りをします。微小な歯切り工程は工作物の1回転ごとに反復されます。

図(c)のホブカッタは、ウォームギヤにおいて、ウォーム側を工具に置き換え、そのねじ山の断面をラック形にした工具です。ねじ山を軸方向の溝で分割してあり、切れ刃は工作物に断続的な切削を行います。ホブに回転を与えると同時に、ホブのリード（ねじが1回転で進む軸方向距離）に合わせて工作物を回転させ、創成歯切りを行います。

要点BOX

- ●ブローチ工具は荒から仕上げまでの工程を1ストロークで加工できる
- ●ラックは直線状に歯を配置した歯車

図1　ブローチ工具とその作用

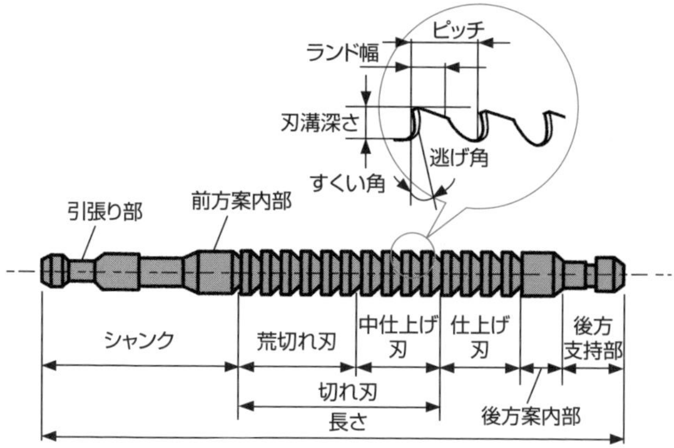

(a) 内面ブローチの各部名称

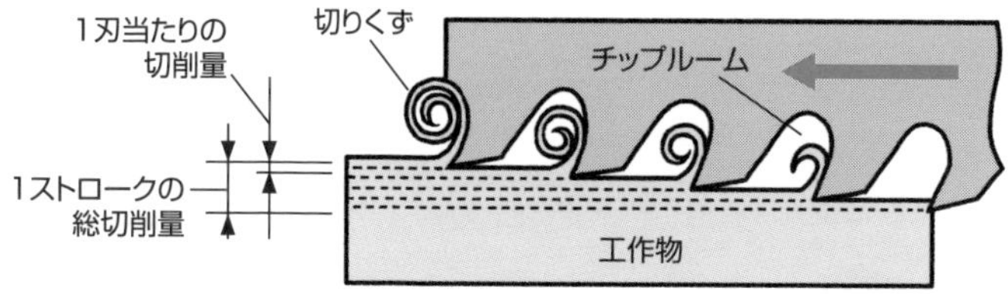

(b) 表面ブローチの切削作用(荒刃および中仕上げ刃)

図2　歯車の創成加工用工具

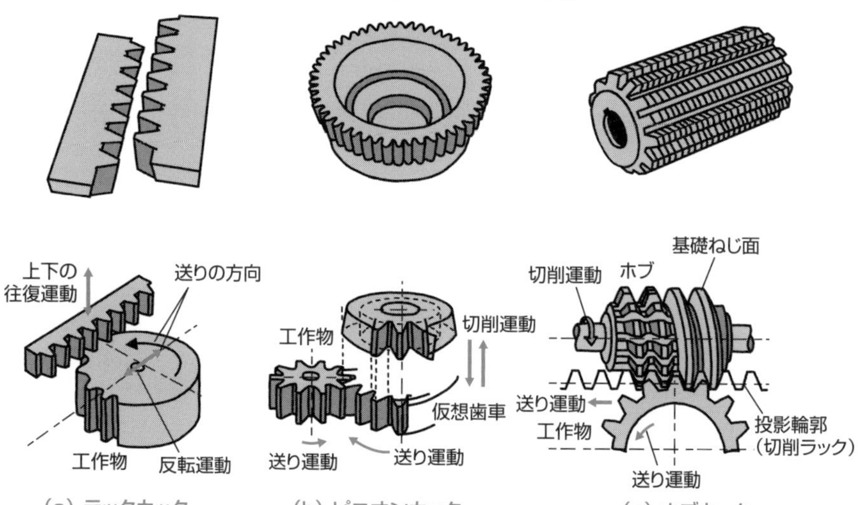

(a) ラックカッタ　(b) ピニオンカッタ　(a) ホブカッタ

Column

「切りくず」は切削状態のバロメータ

うまく旋削すると、カールした切りくずが、連続してスルスルと排出されます。これを「流れ形切りくず」と呼び、切れ味が良いことを示します。一方、切りくずがギザギザになったり、バラバラになったりする時は、切れ味が不安定で、仕上げ面も粗くなります。切りくずの排出は、切削状態を見極める、いわば「バロメータ」です。

しかし「流れ形切りくず」も良いことばかりとはいえません。長過ぎる切りくずは、せっかく仕上げた加工面に絡みつくし、鋭利なエッジが作業者を傷つける危険もあります。このためバイトには「チップブレーカ」を設けます。

流れ形切りくず、良いやら、悪いやら……精密加工って、ちょっとややこしいですね！

図1　流れ形切りくずの例

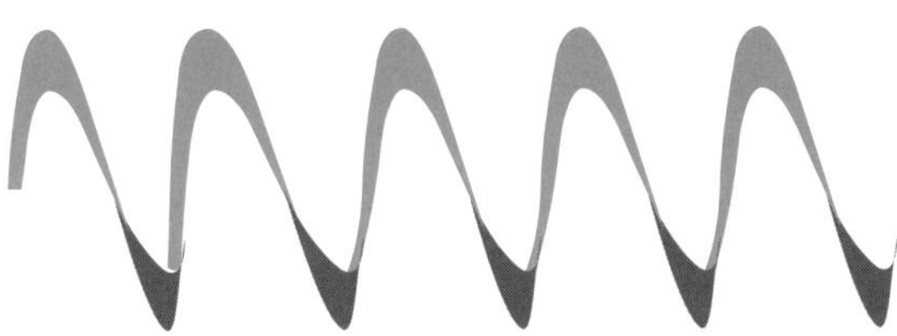

図2　バイト上のチップブレーカの例

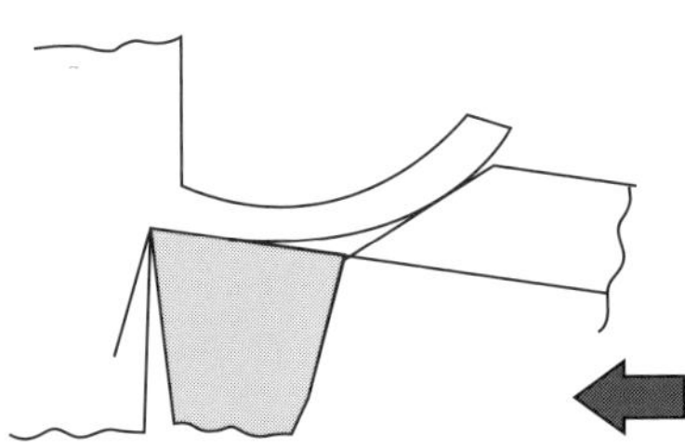

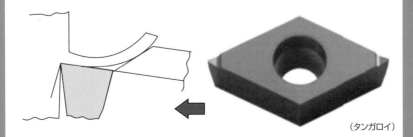

（タンガロイ）

第6章

付加価値を追求する工作機械

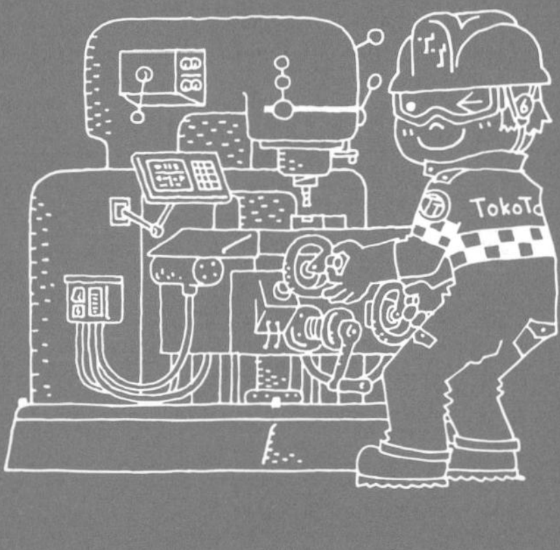

48 自動旋盤

バー材を自動供給して加工する

自動旋盤は小形の丸物部品を高能率に加工できる旋盤です。工具の運動や工作物素材の供給などを自動的に制御して、素材から完成品までの加工工程を自動的に行う旋盤です。自動旋盤の運動制御には、CNCによるモータ駆動方式が主流です。自動旋盤はチャック作業も可能ですが、バー材作業に適しており、長い棒状素材を自動的に供給しながら繰り返して加工できます。このような機種はスイス形自動旋盤とも呼ばれ、くし刃形刃物台、移動形主軸台とガイドブシュをもつ点が特徴です。なお、タレット形刃物台(23図1参照)を装備する機種もあります。

図1はCNC自動旋盤の一例です。CNC旋盤とほぼ同じ外観ですが、バー材供給装置を備えます。**図2**のように多軸制御が可能であり、正面主軸台、背面主軸台、くし刃形刃物台などからなります。正面側主軸に工作物を把持し、旋削、エンドミル加工、穴あけなどを行います。背面主軸は工作物の背面加工時に使います。また、細長い工作物の場合に切削力による弾性変形を回避するため、背面主軸で突き出し端を把持すれば、両端支持での加工も可能です。

図3は移動形主軸台におけるバー材の支持と加工状態です。バー材は供給装置から主軸中心へ送り込まれ、必要長さに突き出してコレットチャックで把持されます。主軸台は前後にスライドでき、工作物の軸方向の送りや位置決めを制御します。ガイドブシュは、加工時の切削力で工作物に生じる弾性変形を抑制します。ガイドブシュがない場合、コレットの把持点から切削点までの距離が長くなるため、切削力で工作物がたわむことは容易に想像できます。

自動旋盤で仕上げる部品の直径は1㎜から20㎜程度の比較的小さなものが多く、複雑な形状にもかかわらず短時間で加工が可能となっています。自動旋盤は工業用部品の加工だけでなく、歯科用のインプラント治療用部品の加工などでも活躍しています。

要点BOX
- ●小形の丸物部品を高能率に加工できる
- ●連続した旋削工程を自動的に行う
- ●細長い棒状素材を対象とした作業に適する

図1　CNC自動旋盤の例

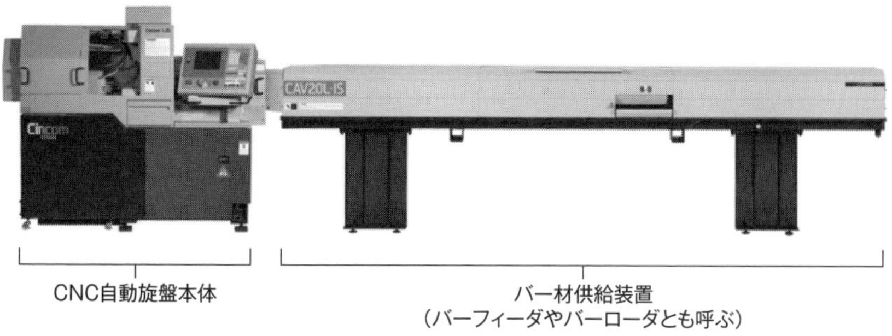

（シチズンマシナリー：Cincom L20）

図2　CNC自動旋盤の機械構造例

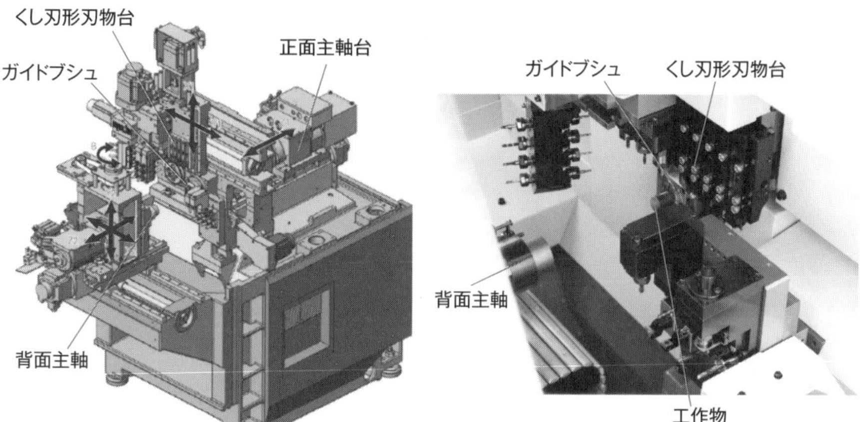

（シチズンマシナリー：Cincom L20）

図3　バー材の支持と加工状態

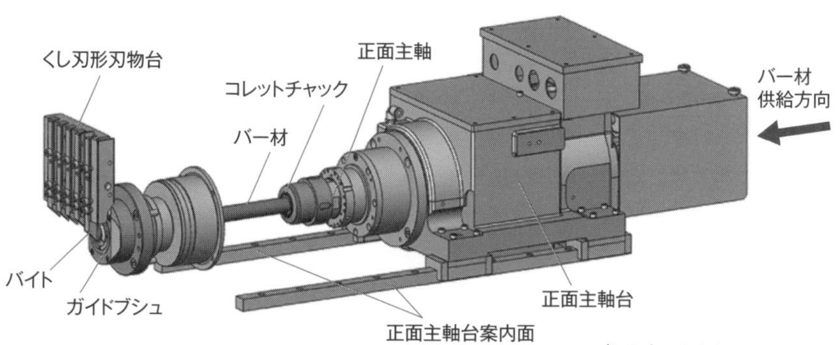

（シチズンマシナリー：Cincom L20）

49 5軸制御マシニングセンタ

軸数の増加で加工の幅を広げる

5軸制御マシニングセンタ（5軸MC）とは、直進3軸と回転2軸の運動を制御できる工作機械で、代表的な形として立て形と横形があります。**図1**は横形の5軸MCの例で、X、Y、Zの直進運動軸と、クレードルの傾斜A軸、回転テーブルの旋回B軸を備えます。X、Y、Zの直進運動軸回りの回転運動軸は、順にA、B、Cの軸名称に対応しています。

5軸MCでは工作物の1回の取付けで複雑な形状を加工できるため、段取り時間の削減や低コスト化に有効です。また、3軸MCでは加工困難な形状も、工具や工作物を傾けることで加工できます。

図2は立て形5軸MCの基本構造です。回転運動軸の構成により、三つのタイプに分類できます。

(a)のタイプは、工作物側に回転テーブルのC軸とクレードルのA軸の二つを備え、工具側が3軸の直進運動を行います。工作物が旋回・傾斜するため、視認性に優れ、切りくずが工作物に堆積しにくいという利点があります。傾斜A軸の駆動トルクには上限があるため、大質量や高重心の工作物の加工には耐モーメント性の点で制限が生じます。最近では、このタイプはガントリ構造が多くなっています。

(b)のタイプは、工作物側の回転テーブルが旋回C軸、工具側の主軸頭が傾斜A軸を備えます。水平パレットのため、自動パレット交換装置（APC）による自動化対応が可能です。工具側が傾斜するため、(a)に比べ主軸頭側の剛性が低下しやすいことが欠点です。

(c)のタイプは、主軸頭側が傾斜A軸と旋回B軸を備えます。工作物を傾けないため、工作物が自重で変形せず、重量物でも加工できます。しかし、(b)よりも主軸頭の運動軸が増えるため、主軸頭側の剛性がさらに低下し、切削負荷の高い加工には向きません。(a)と同様、ガントリ構造の5軸MCに多く採用され、航空機の翼の加工に使われます。大形の5軸MCは、自動車など大形の金型加工に使われます。

要点BOX

- ●3軸の直線運動軸と2軸の回転運動軸を備える
- ●工作物の1回の取付けで複雑な形状を加工できる
- ●回転運動軸の配置方式の違いで3タイプが存在

図1　横形5軸マシニングセンタの軸構成

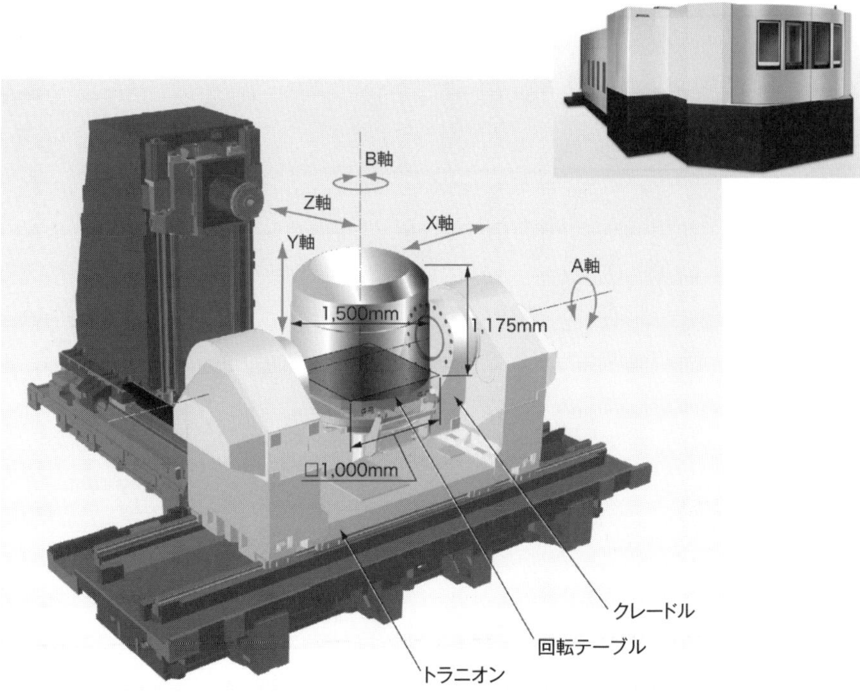

（オークマ：MU-10000H）

図2　立て形5軸マシニングセンタの3つのタイプ

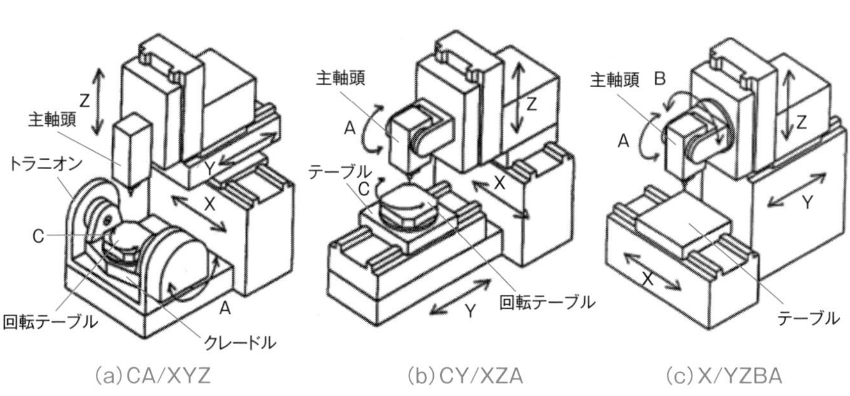

運動軸の組合せは“工作物側の運動軸／工具側の運動軸”を示します。

（堤）

50 ターニングセンタ

旋削加工をベースに複数の機能を付加

ターニングセンタは、「回転工具主軸、割出し可能な工作主軸、およびタレットまたは工具マガジンを備え、加工プログラムに従って工具を自動交換できる数値制御工作機」（JIS）と定義されています。**図1**に示すように、タレット形刃物台にバイト、エンドミル、ドリルなどの工具を備え、これらを自動交換しながら、NC旋盤で行う旋削加工に加えて、工作物の取り付け替えなしに、割出した工作物にエンドミル加工や穴あけなどを行えます。

従来は加工する形状に合わせて複数の工作機械（NC旋盤やマシニングセンタなど）が必要でしたが、ターニングセンタは複数の加工機能（旋削やフライス加工など）を備えるため1台で加工を完結させることができ、工程集約や省スペース、省エネを実現できます。また、1度把持した工作物に連続して多工程を加工できるため、加工精度の向上や自動化などにも寄与します。

従来、NC旋盤では単刃の切削工具で外径切削を行うため、刃先に切削熱が溜まりやすく、工具寿命が短くなることが課題でした。そこで、丸駒のチップを回転させながら外径切削を行うことで、加工熱が分散され、工具寿命が長くなります。この方法はステンレス鋼やニッケル合金といった耐熱合金のように熱伝導率が低く、切削熱が高くなりやすい工作物の荒加工に有効な加工法として注目されています。これをさらに発展させたのが、**図2**のハードスカイビングです。工作物を回転させながら、広幅の切れ刃を傾斜させた専用工具を取り付けた刃物台を旋回させ、切れ刃に旋回送りを与えることにより加工点を移動させながら、円筒面を加工することができます。

近年、ターニングセンタ上でも歯車の加工が可能になっています。通常はホブ盤を使って加工しますが、**図3**に示すようなホブカッタを使用して加工することができるようになりました。今後も、新しい発想によるターニングセンタのさらなる発展が期待されます。

要点BOX

- ●工具を自動交換しながら複数の加工をこなす
- ●工程集約や省スペース、自動化などに寄与
- ●ターンミリングやホブ切りなどの加工も可能

図1　ターニングセンタの構成

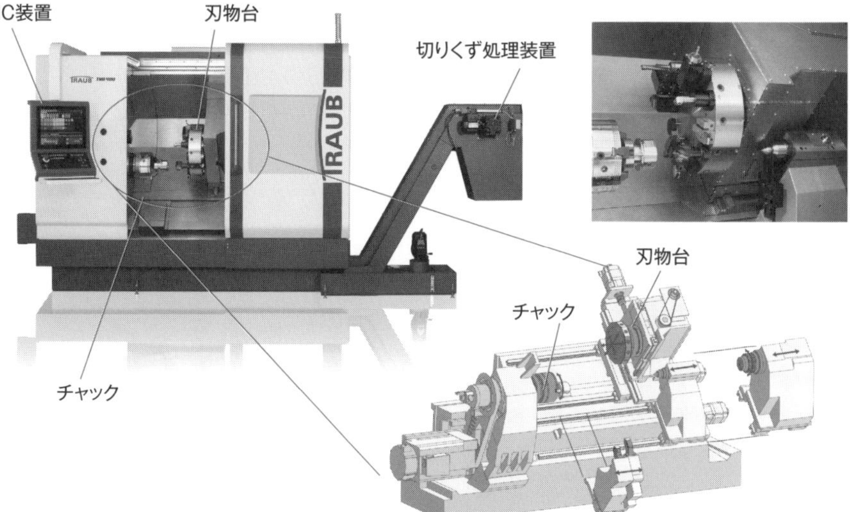

（INDEX-werke GmbH&Co.KG（インデックス社））

図2　ハードスカイビング

（DMG森精機）

図3　ホブによる歯車加工

（DMG森精機）

51 グラインディングセンタ

複数の研削加工を集約

グラインディングセンタ（GC）は「研削といし車の自動交換機能を備え、様々な研削加工を工作物の段取り替えなしに実行できる数値制御研削盤」とJISで定義されています。GCの利点は、①工程集約ができ多彩な形状加工が可能、②セラミックスやガラス、焼入れ鋼など硬い材料の加工が可能、③自動化が可能の三つです。最近のGCでは研削加工に加え、エンドミル加工や穴あけなどの切削加工もできる機種があり、付加価値を高める工夫がなされています。

図1はGCの構成例です。砥石や切削工具を収容するツールマガジンを備え、ATCアームにより工具交換を行います。この機種では砥石と切削工具の交換用に2本のATCアームを装備しています。砥石は交換したのちにドレッシングやツルーイングが必要となるため、主軸上方に装備したドレッサを使います。さらに、総形砥石も利用でき、テーブル上に専用のドレッサを備えています。ツールマガジンは、本図では縦列に工具を並べた配列タイプ（マトリックス方式）になっています。砥石、エンドミル、ドリルなどの工具をあらかじめツールポット（工具の装着箇所）に収納しておきます。

図1の砥石のATCの写真は、左上の砥石(A)に取り替えるため、右下の砥石(B)を取り外したところです。砥石(B)を掴んだATCアームは左側のローディングステーションへ移動します。そして、ATCアームが180度旋回して砥石(A)と(B)の位置を入れ替えます。その後、写真の位置に戻り、砥石(A)を取り付けます。交換終了後、ATCアームは退避してカバーで遮蔽されます。

図2にGCによる加工事例を示します。(a)のタービン翼のような複雑な形状も、砥石を交換しながら1台で加工できます。(b)は形状の異なるタービンブレードのクリスマスツリー部を研削仕上げした様子で、多彩な形状にも対応できます。(c)のように、総形砥石を使用すれば、歯車の成形研削も可能です。

要点BOX

- 工程集約や多彩な形状加工の自動化が図れる
- セラミックスやガラス、焼入れ鋼なども加工可能
- 通常砥石も総形砥石も使用可能

図1　グラインディングセンタの構成

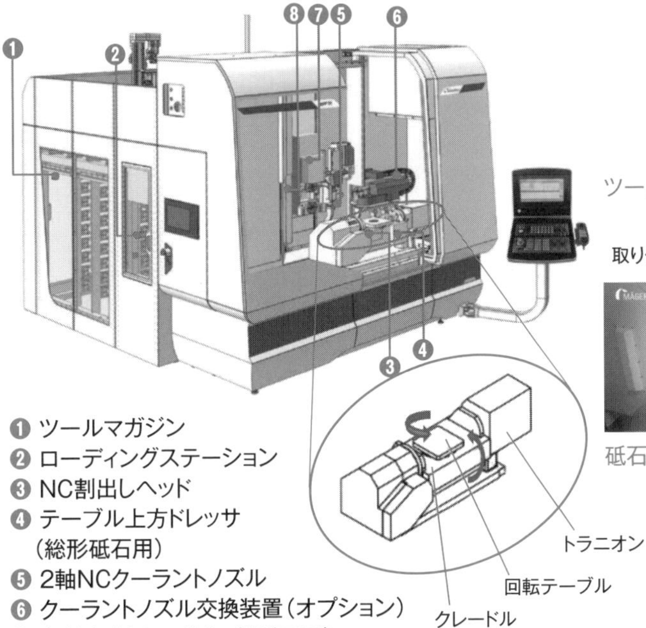

ツールマガジン

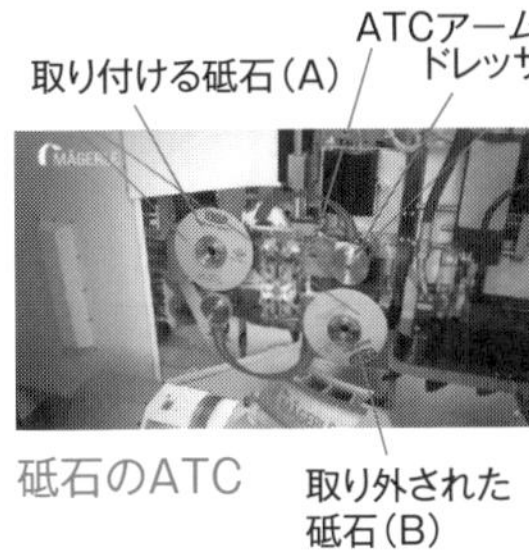

砥石のATC

（Maegerle AG Maschinenfabrik（メーゲレ社））

図2　グラインディングセンタの加工事例

（a）タービン翼の研削

（c）歯車研削

（b）研削仕上げされたタービンブレード

（Maegerle AG Maschinenfabrik（メーゲレ社））

52 超精密加工機

ナノメートル単位の加工精度を実現

超精密加工機は、主軸の回転精度や主軸の割り出し精度（約100万分の1度）、軸の運動精度（NCの最小設定単位が約1nm、1nmは100万分の1mm）など、極めて高い運動精度を備えています。また、主軸を空気静圧軸受（8図2（c）参照）で支持して摩擦を極力小さくし、摩擦熱の発生を減らす工夫がなされています。さらに、加工精度がナノメートル単位であり、温度や湿度、気圧の変化が加工精度に大きく影響するため、加工機を設置する環境は振動のないクリーンルームが必要です。このような性能を備えているのが、**図1**の超精密加工機です。

超精密加工は光学分野に留まらずバイオや医療分野などで新しいニーズが増えており、超精密加工機には更なる加工精度と加工能率の向上が望まれています。

メガネやコンタクトレンズ、カメラはもちろん、ブルーレイディスクドライブ、プロジェクターなど、私たちが日常的に使用する製品にはレンズが使われているものが多くあります。レンズの材質は主としてガラスとプラスチックで、ガラスレンズは金型に押し付けてつくられ（ガラスモールド）、プラスチックレンズは溶けたプラスチックを金型に流し込みつくられています（射出成形）。金型の材質は超硬合金やセラミックス、コーティングを施した金属材料などです。レンズの種類には球面レンズ、非球面レンズ、フレネルレンズなどがあり、これらのレンズを生産する金型は、表面粗さと形状に極めて高い精度が必要とされるため、超精密加工機で切削加工や研削加工を施します。

加工事例を**図2**に示します。光学分野では、非球面加工が必要なレンズコアがつくられています。自動車関連では、高い面粗度が求められるヘッドアップディスプレイ（HUD）の金型コアがつくられています。時計&装飾品分野では、商品を美しく見せるブリリアントカットや、微細な溝加工が必要なホログラムの加工などに使われます。

要点BOX

- ●加工精度の究極を極めた加工機
- ●高い精度が必要なレンズの加工に使用される
- ●光学やバイオ・医療分野で必須な加工機

図1　超精密加工機

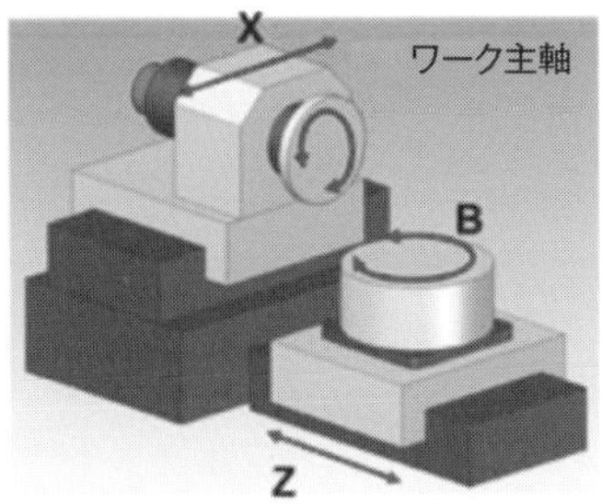

（FANUC：ロボナノ α-NMiA）

図2　加工事例

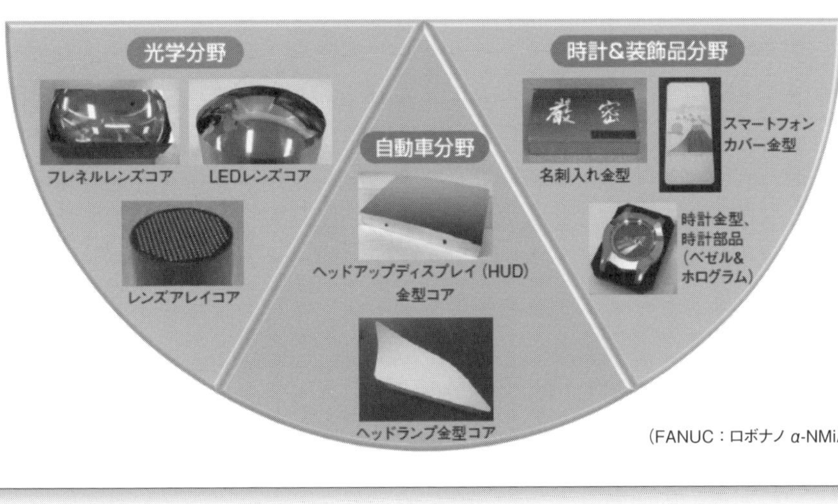

（FANUC：ロボナノ α-NMiA）

53 超大形工作機械

大きくなるほど高い技術が求められる

船舶、鉄道、電力、建設、航空宇宙分野などで使用される大きい部品も工作機械で加工されています。「プラノミラー」は図1のような門形構造をしたフライス盤の一種で、超大形工作機械です。大きなものでは門幅が7m、テーブルの全長が30m、ベッドの全長が60mを超えるものもあります。プラノミラーは構造によって3種類に大別でき、1つのコラムでクロスレールを支えるものを「片持形」、2つのコラムでクロスレールを支えるものを「門形」、コラムがテーブルの長手方向に移動できるものを「ガントリ形」といいます。また、プラノミラーで主軸頭が旋回割り出し位置決めできる機種は、工作物をテーブルに取り付け直すことなく（ワンチャッキングで）、工作物の底面以外の5面を加工できるため「5面加工機」と呼ばれます。

大きな部品でも、求められる加工精度（平面度、平行度、直角度など）は通常サイズの部品とそれほど変わらないため、超大形工作機械には通常の大きさの工作機械よりも高い設計と組立のノウハウが必要です。特に課題になるのは「自重と温度変化」による機械構造の変形です。超大形工作機械の主軸頭やコラムは重いため、主軸頭が左右に運動するとその重量でクロスレールが傾くことがあります。これを防ぐため、図2に示すように左右のコラムに油圧シリンダを内蔵し、重心を制御できる機種があります。

また、超大形工作機械は恒温室（温度が一定の部屋）に設置できないため、天井が高い工場内の温度は天井に近いほど高く、床面に近いほど低くなり、熱変形が生じます。そこで、構造体に液体を充填し、熱容量を大きくして熱変形を抑え、液体の温度を調整し、管理します。そのほか、主軸頭やクロスレールの駆動による熱変形を抑えるため、摺動面を冷却している機種もあります。超大形工作機械は通常サイズの工作機械では問題にならないことを考えなければならず、設計・製造ノウハウが詰まった工作機械といえます。

要点BOX

- ●船舶や鉄道関連部品などの大物部品を加工する
- ●課題は「自重と温度変化」による変形
- ●超大形工作機械は設計・製造ノウハウの塊

図1　門形プラノミラー

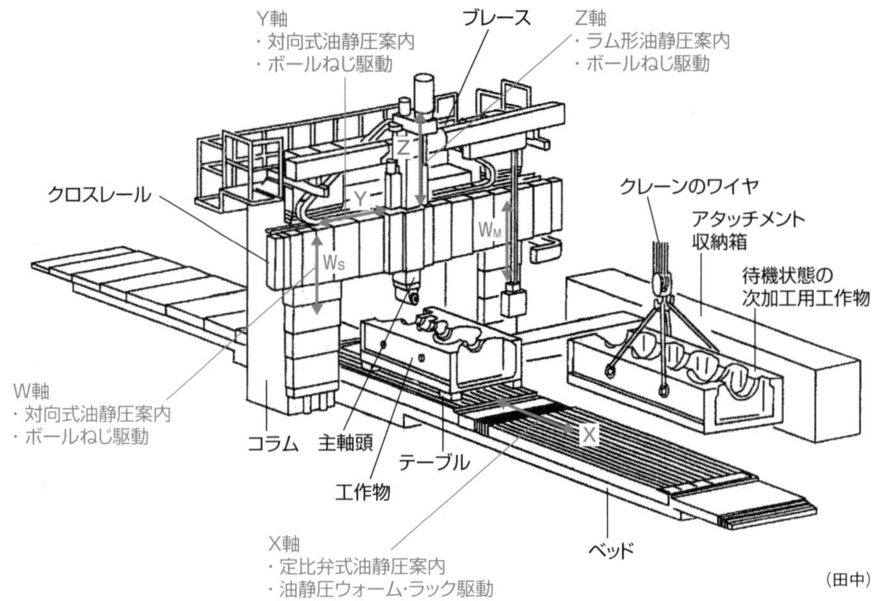

（田中）

図2　クロスレールのバランス機構

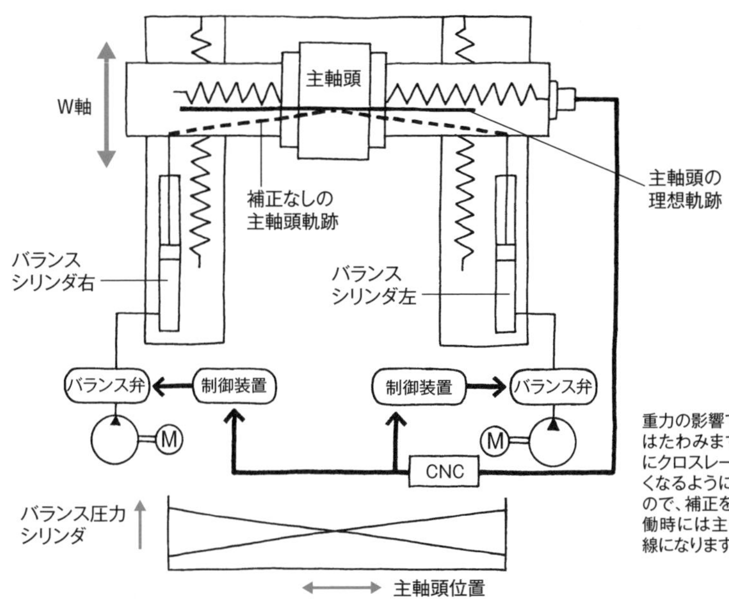

重力の影響でクロスレールはたわみますが、図のようにクロスレールの中央が高くなるように作られているので、補正をしなくても、稼働時には主軸頭軌跡は直線になります。

（芝浦機械）

54 レーザ加工機

負荷の掛からない加工で変形しやすい材料も加工可能

レーザ(Laser)は、特定の物質(レーザ媒体)に光や放電などの強いエネルギーを与えて励起させることで発生させる人工の光です。Laserは「Light Amplification by Stimulated Emission of Radiation」の頭文字から名づけられたもので、Lightは光、Amplificationは増幅、Stimulateは誘導、Emissionは放出、Radiationは放射という意味で、直訳すると「放射の誘導放出による光の増幅」となります。

レーザ加工機はレーザ発振器、光路、集光レンズ、駆動部(テーブル)などから構成されています。また、レーザ媒体にはYAG(イットリウム・アルミニウム・ガーネット)、CO_2(炭酸ガス)、He-Ne(ヘリウム・ネオン)などがあり、加工の目的によって使い分けます。

レーザ加工の原理イメージを図1に示します。レーザ光を当てると原子や分子が振動して発熱します。その熱が周囲の分子に伝わり、周囲の温度も上昇します。さらにレーザ光を当て続けると、レーザ光が当たっている部分から溶融し、蒸発します。このようにレーザ光を熱源として加工に利用することができます。

レーザは集光性に優れ、照射部分のみを瞬時に融解し蒸発可能であり、材料に対する熱影響を抑えられ、切削加工のように大きな抵抗力が発生しないため薄板など変形しやすい材料の加工に有効です。また、材質や硬さに関係なく加工ができるため、欠けや亀裂を抑制できることも利点です。

レーザ加工は「改質、除去、接合」の3種類に分類でき、たとえば、材料を加熱すると「熱処理(焼入れ)」、材料の沸点まで温度を上げると「マーキング」ができます。また、材料の融点まで温度を上げると「溶接や切断、穴加工」ができます。レーザの出力を調整することでさまざまな目的に使うことができます。図2(a)は5軸制御が可能なレーザ加工機で、(b)はカテーテル治療に使用するステントの加工の様子です。多軸化することで、複雑微細加工に力を発揮しています。

要点BOX

- ●レーザ加工は集光したエネルギーを使った加工
- ●材料に対する熱影響が小さい
- ●材質や硬さに関係なく加工できる

図1　レーザ加工の原理

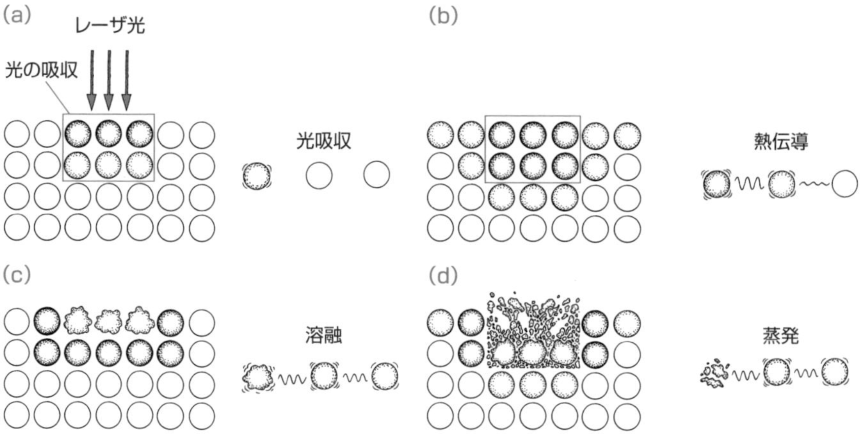

（「絵とき『レーザ加工』基礎のきそ」新井武二）

図2　レーザ加工機と加工事例

(a)5軸加工レーザ加工機の例

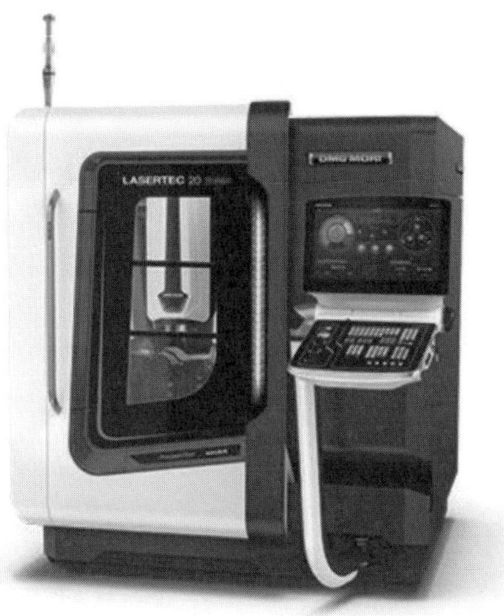

(b)ステントのレーザ加工

（DMG森精機：LASERTEC 20）

55 超音波加工機

超音波振動による加工で欠けやすい材料も加工可能

通常、私たちが耳で聞くことのできる音（可聴音）の周波数は一般的に20Hz（低音）～20kHz（高音）といわれており、それを超える高い周波数の音は聞こえなくなります。超音波の一般的な定義は「人間が聞くことができない高い周波数の音」ですから、20kHzより高い周波数の音を超音波といいます。

超音波は機械加工にも利用されており、超音波を使用して加工を行う工作機械を「超音波加工機」といいます。加工の原理は**図1**のように、研削液に遊離砥粒を混ぜ、振動子からホーンに超音波振動を与えて加工する遊離砥粒加工方式と、ダイヤモンド電着砥石などを超音波振動させて加工する固定砥粒加工方式があります。機械加工に使用される超音波の周波数は約20kHz～50kHzです。

図2の固定砥粒加工方式の超音波加工機は振動子と、振動子を駆動するための発振器を備えており、振動子は電圧を加えると超音波振動を発生する部位と振動の振幅を増大するホーンに区分され、ホーンの先には工作物を削る工具が付いています。

図3に超音波加工による加工事例を示します。ガラスやセラミックス、超硬合金、サファイア、単結晶シリコンなど、硬くて脆い材料（硬脆材料）は欠けやすく、通常の切削加工では加工が難しいのですが、切削工具に超音波を付与し、微小振動させることによって微細に破砕し加工することができます。また、延性材料である金属材料においても超音波の微小振動は加工抵抗を低減させ、凝着（構成刃先）の防止、バリの低減、研削砥石の目づまり、目つぶれの抑制など有益な効果をもたらします。義歯やインプラント、人工骨などの医療分野や次世代半導体などの電子情報分野では微細な加工が不可欠で、材料も一層硬くなる傾向にあるため、超音波加工機は次世代に不可欠な工作機械の一つといえます。

要点BOX
- ●超音波は人が聞くことができない高い周波数の音
- ●超音波を使用して切削加工、研削加工を行う
- ●硬くて脆い材料（硬脆材料）の加工に力を発揮

図1　超音波加工の原理

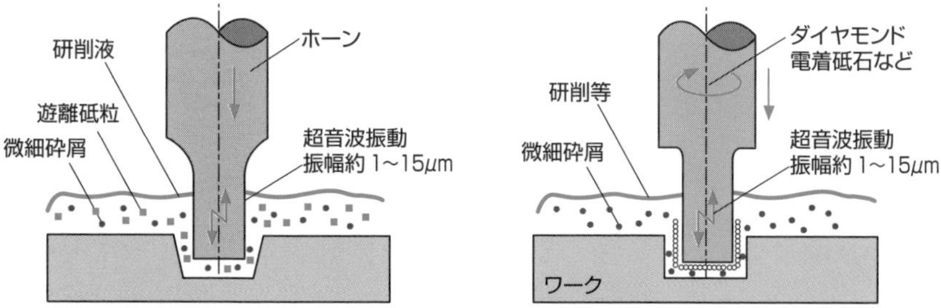

遊離砥粒加工方式　　固定砥粒加工方式（超音波ロータリー加工方式）

図2　超音波加工機

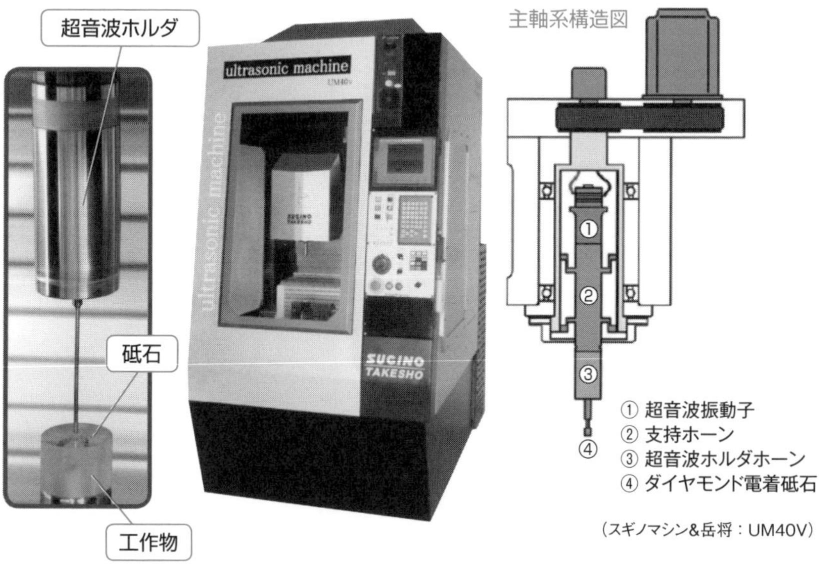

（スギノマシン&岳将：UM40V）

図3　加工事例

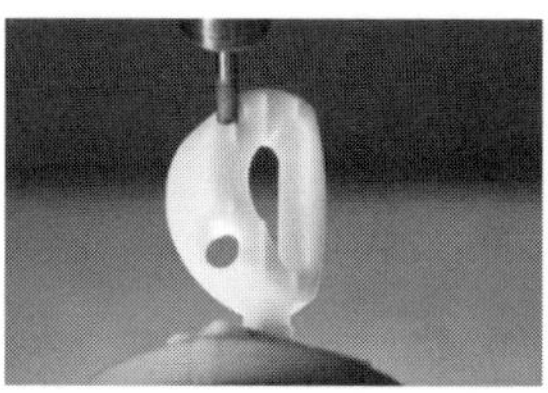

整形外科用のインプラントの加工

ゼロデュア製ミラーキャリアの加工

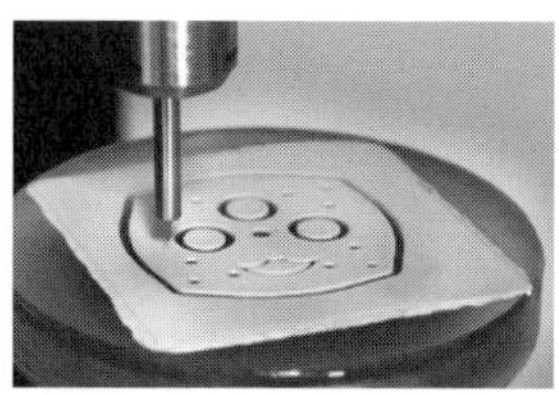

めのう製時計文字盤の加工

（DMG森精機）

56 マシニングセンタベースの複合加工機

MC+αの加工機能搭載

形状をつくる方法は切削や研削、レーザ加工など加工後に質量が減少する「除去加工」、プレス加工や鋳造、鍛造、射出成形など材料の質量が変化しない「変形加工」、積層造形や溶接など材料の質量が増加する「付加加工」の3種類に大別されます。

工作機械は高精度化、高速化、高機能化、多軸化、省エネ化などの性能を向上させてきましたが、基本的には1台の工作機械はそれぞれの加工法に特化し、専用機として進化してきました。しかし近年では、ニーズの多様化とさらなる生産性の向上（低コスト、短納期）、高付加価値化を追求するため、複数の機能をもつ複合加工機が開発されています。

最も一般的なのは、マシニングセンタに旋削機能を複合化させた機械です。図1のように、マシニング機能では主軸に工具を取り付け、高速回転させ、切削加工を行います。旋削機能としては、バイトを取りつけた主軸を固定し、工作物を回転させ、旋削加工を行います。これによって、タービンブレードの加工やギヤスカイビング加工（57項参照）も可能になります。

図2は5軸マシニングセンタ（切削加工）に金属積層造形（58項参照）の機能を備えた複合加工機です。その他にも、摩擦撹拌接合（FSW：Friction Stir Welding）の機能をもつ機械もあります。図3のように接合ツールと呼ばれる棒状の工具を高速回転させて接合したい材料に押し付け、摩擦熱によって材料を軟らかくし、軟化させた部分を撹拌して接合します。異なる材質の接合も可能です。従来は比較的融点の低いアルミニウム合金や銅合金などの非鉄金属が中心でしたが、最近では鉄鋼やチタン合金など、融点の高い金属の接合も可能になっています。

また、部品の損傷部分を切削で取り除き、削った部分を積層造形して部品の修復をする機種や、レーザで焼入れをして研削加工で仕上げることが可能な機種もあります。

要点BOX

- ●形状をつくる方法は除去、変形、付加の3種類
- ●機能の複合化は2つからそれより多くへ
- ●複合加工機の中には部品の修復が可能な機種も

図1　旋削機能付きマシニングセンタ

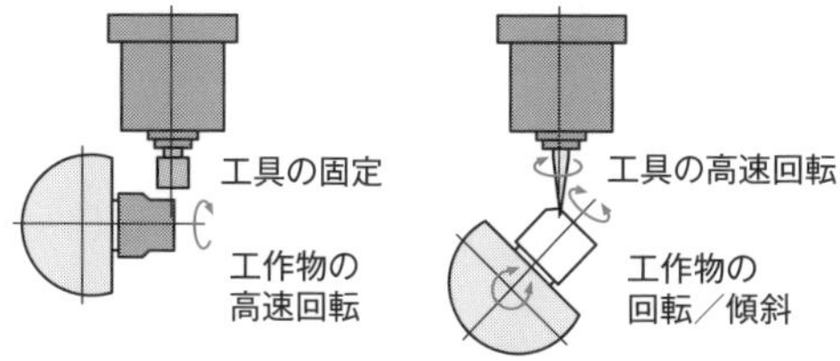

（木村、天谷、矢野）

図2　マシニングセンタベースの複合加工機

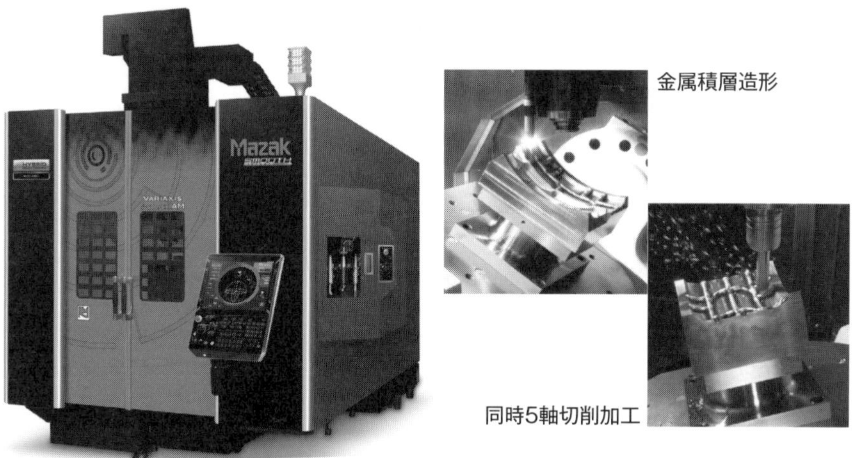

マシニングセンタをベースとして、切削加工、研削加工、
金属積層造形（AM：Additive Manufacturing）の機能を1台に集約しています。

（ヤマザキマザック：VARIAXIS j-600/5X AM）

図3　摩擦攪拌接合加工機

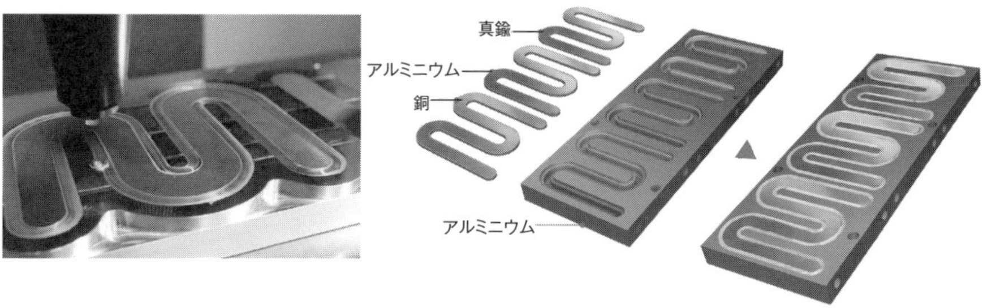

（ヤマザキマザック）

57 ターニングセンタベースの複合加工機

TC+αの加工機能搭載

複数の機能を複合化することにより、工程集約が可能になり生産性が高まります。また、ワンチャッキングにより加工精度が向上し、省スペース化を図ることができ、変種変量加工や急な仕様変更への対応も可能になります。56項ではマシニングセンタベースの複合加工機を紹介しましたが、ターニングセンタベースの複合加工機もあります。

図1に示すものは、旋回機能が付いたミーリング主軸頭を搭載して、ターニングセンタ（旋削加工）にマシニングセンタと同等の本格的なミーリング機能を複合化した機種です。5軸（X、Y、Z、B、C）を同時制御することで複雑形状の加工が可能です。2つの主軸間で工作物の受け渡しもできるため、工作物背面の加工も可能となっています。

また、最近では図2に示すようにターニングセンタをベースに研削加工やレーザ焼入れ（表面熱処理）、積層造形などの機能を1台に複合化し、それらの加工を1台で完結できる複合加工機もあり「超複合加工機」とも呼ばれています。レーザ焼入れは工作物上の局所的な狙った範囲に熱処理を施せる利点があり、ターニングセンタベースの複合加工機は工作物を回転させながらレーザ焼入れを行えるため、均一で焼きムラがなく、ひずみの少ない焼入れが可能になるという優位性もあります。熱処理を施した箇所は硬いため、超硬合金やサーメットなどの切削工具では削ることが難しいのですが、研削加工を複合化しているため研削砥石を使用して削ることができます。また、歯車を加工するギヤスカイビングでは、図3のように、工作物と工具を同時に回転させ、主軸頭の旋回機能を用いて工具を傾斜させながら、そぎ落とすように削って歯車の形に加工していきます。

以上の他に、最近では、マシニングセンタベースの複合加工機能と本複合加工機能の両者を同一機械上で実現できる複合加工機も登場しています。

要点BOX
- 本格的なミーリング機能を複合化
- 研削加工やレーザ焼入れ、積層造形などの機能を複合化した超複合加工機もある

図1　ターニングセンタベースの複合加工機

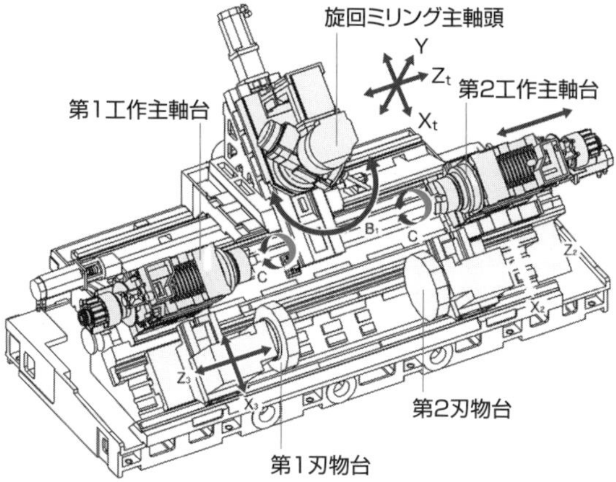

（中村留精密工業）

図2　超複合加工機と加工の様子、加工事例

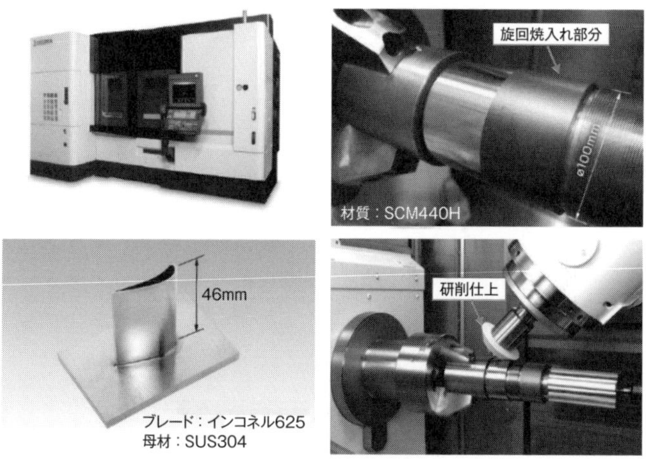

（オークマ：LASER EXシリーズ）

図3　ギヤスカイビング

（DMG森精機）

58 金属積層造形装置

付加加工と除去加工の合わせ技もある

金属積層造形（金属3Dプリンティング）は材料を積み重ねて形状をつくる加工法で、「付加加工」にあたります。金属積層造形の最大の特徴は、メッシュや中空、ポーラス（多孔質）構造など、切削加工では不可能な自由度の高い複雑に入り組んだ細かい形状をつくれることです。また、切削工具を使用しないため危険性が低く、振動や騒音の発生が少ないという利点があります。しかし、現状では高精度の加工には対応できていません。また、送り速度、レーザのパワー、積層状態の調整・管理など、条件設定に多くのノウハウが必要となります。

一方、切削加工は材料の不要な部分を取り除き、形状をつくる加工法で「除去加工」にあたります。切削加工は加工条件を調整することで、「荒加工」、「中仕上げ加工」、「仕上げ加工」と加工精度や表面粗さを高めていけることが大きな利点です。しかし、切削加工は切りくずとして不要な部分を取り除くため無駄になる材料が出てしまい、切削工具を使用するため危険がともない、段取りや加工条件の設定には一定のノウハウや経験が必要となります。

図1は金属積層造形機能をベースに切削加工機能を1台に複合化した工作機械です。**図2**に示すように金属積層造形でつくった形状に切削加工を施すプロセスを交互に繰り返し行い、材料を無駄にすることなく、**図3**のように複雑な形状を高精度につくることができます。金属積層造形と切削加工の複合化は、互いのメリットを生かし、デメリットを補っています。

従来、金属積層造形でつくられた造形品は金属結晶の粒径が粗く、工業製品としては強度に不安がありましたが、現在では粒径が細かくなり、強度も高くなってきました。航空機や発電に使用されるタービンブレードの製造にも適用されており、近い将来、多くの生産現場で導入されると考えられています。

要点BOX
- ●金属積層造形と切削加工の融合
- ●メリットを生かし、デメリットを補う
- ●強度問題の改善が各種部品製造を促進

図1　金属3Dプリンタ

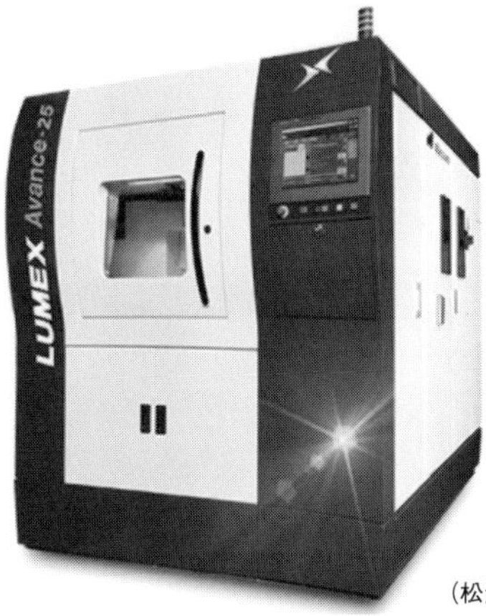

（松浦機械製作所：LUMEX Avance-25）

図2　積層造形と切削加工の複合

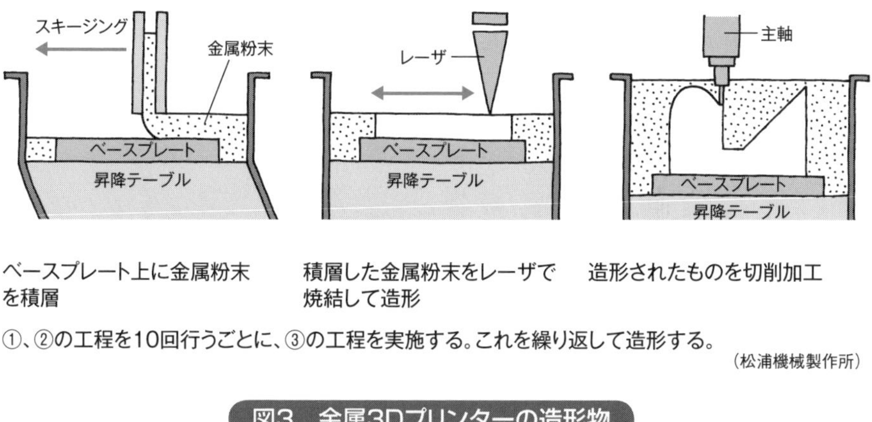

ベースプレート上に金属粉末を積層

積層した金属粉末をレーザで焼結して造形

造形されたものを切削加工

①、②の工程を10回行うごとに、③の工程を実施する。これを繰り返して造形する。

（松浦機械製作所）

図3　金属3Dプリンターの造形物

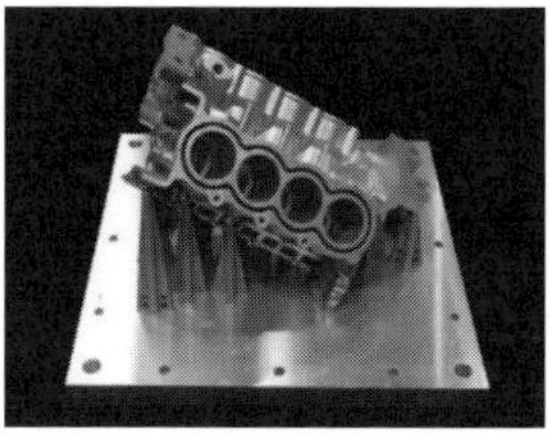

V8エンジンブロック

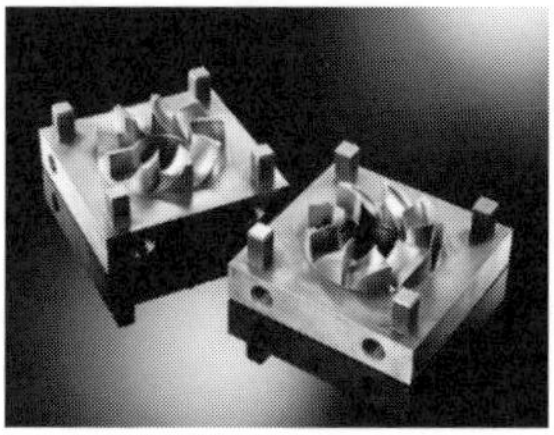

ファン金型（キャビ型、コア型）

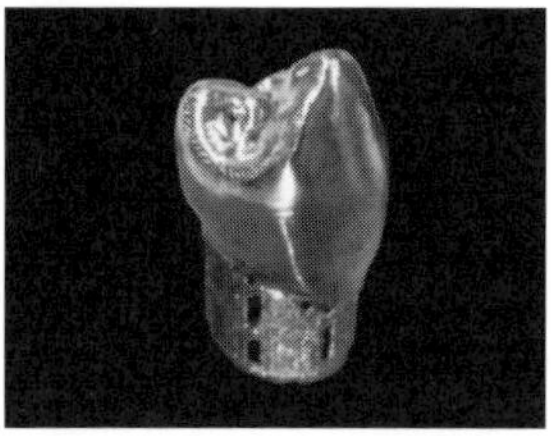

義歯

（松浦機械製作所）

59 IoTとAIを活用する工作機械

知能化、自律化で生産性向上を実現

IoTは「Internet of Things」の頭文字をとった名称で、「もののインターネット」と訳されています。パソコンやスマートフォンといった従来の通信機器だけでなく、工作機械やロボットなどの「もの」がインターネットに繋がり、情報をやり取りすることを指します。

図1は工場内でIoTを導入した際の一例（模式図）です。工作機械をインターネットに繋げることで、稼働状況や生産状況をスマートフォンやパソコンなどで随時見ることができ、どこからでも情報を収集できます。工場内に設置されている他の工作機械の情報も同時に取得できるため、工場全体の稼働状況を把握することも容易で、製造工程の見直しにも役立ちます。製造元の工作機械メーカーと接続されていれば、故障時にも迅速な修理が可能になります。工作機械は現在、さまざまな機能の複合化が進んでいます。したがって、これからは加工法の幅広い知識を持った加工技術者が求められます。加工技術者の負担が増えるように思われますが、負担軽減のために、工作機械の知能化（AI化）、自律化も同時に進んでいます。

AIは「Artificial Intelligence」の略称で、「人工知能」という意味です。AIはIoTで収集したデータを分析し、機械の稼働状況を見える化するツールとして使われています。また、稼働状態の異常を判断し、その要因を分析して機械の予防保全、予知保全などを行うツールとして適用が進められています。図2(a)のように工作機械の各所にセンサを取り付け、その信号を解析し、生産性向上や安定稼働に活用します。図2(b)は送り軸の不具合をAIで自己判断する仕組みです。この情報をビッグデータとして収集すると、機械の故障を事前に予測したり、製造環境の変化に応じて最適な加工条件を決めたりできます。

工作機械が複合化するに伴って加工技術者に求められることは増えていますが、その仕事を支える技術としてIoTやAIの利用が期待されています。

要点BOX
- ●IoTによってどこからでも生産情報を確認できる
- ●AIで加工条件の適正化や故障予知が可能に
- ●IoTやAIが加工技術者の仕事を支える

図1　IoTの概要

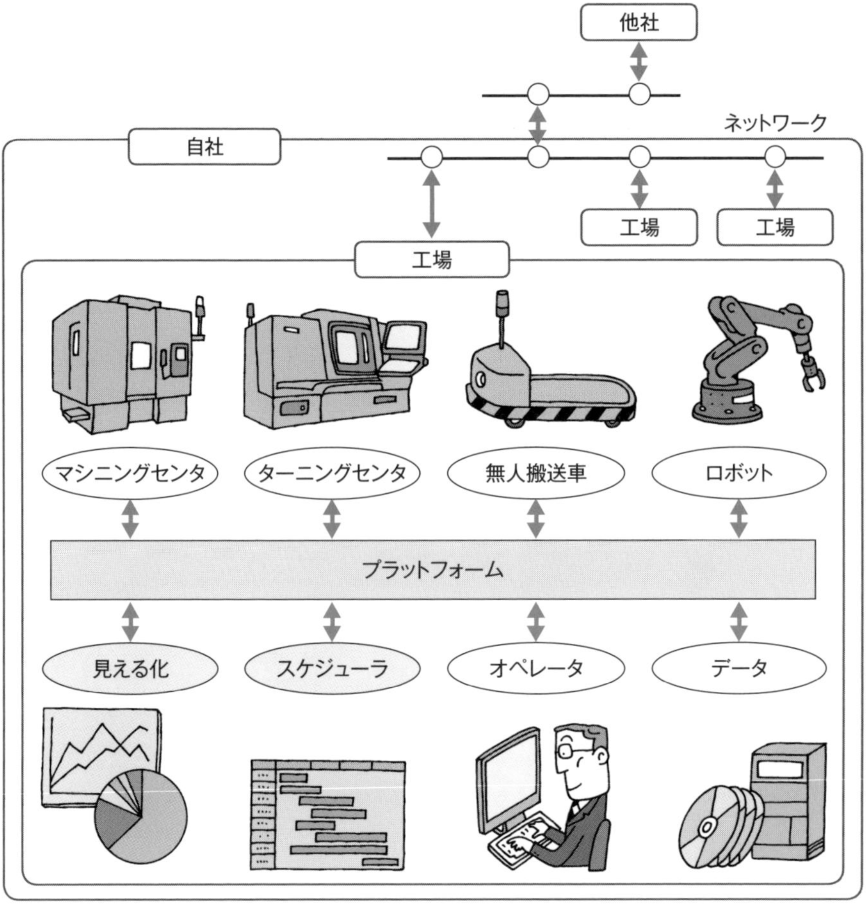

図2　製造現場におけるAIの利用例

(a)取り付けたセンサ　　(b)AIの判断でボールねじの不具合を自己診断

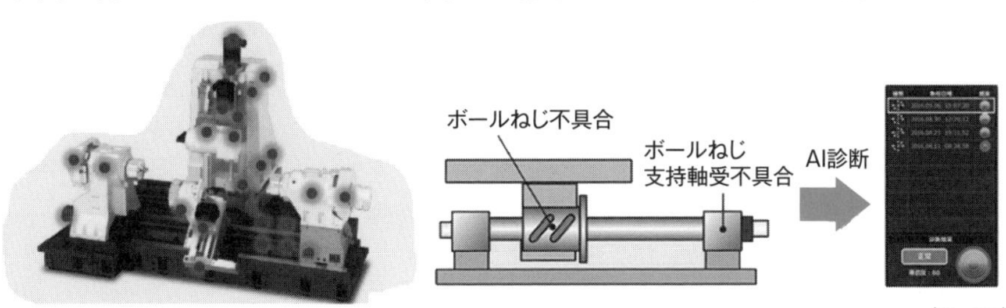

（オークマ）

Column

異色な工作機械、パラレルメカニズム形工作機械

図1はパラレルメカニズム形の工作機械です。ほとんどの工作機械が母性原理に従った構造であるのに対し、この機械は6本のリンクの伸び縮みにより、主軸頭に6自由度の運動を行わせ、5軸制御工作機械と同等の加工を行える機械です。母性原理に従った機械が直列的に運動して位置決めするのではなく、トラス構造を構成する6本のリンクが協調動作を行い、位置決めを行っています。各リンクは、ボールねじ、ボールナットとモータで構成されることから、駆動部が軽量で、高速運動が可能であり、本機では100m／min、1.5Gの加速度を実現しています。

パラレルリンクは、現状ではリンクの関節部の剛性が不十分なことから、マシニングセンタレベルの精度が得られていません。

図1　リンク伸縮形のパラレルメカニズム工作機械

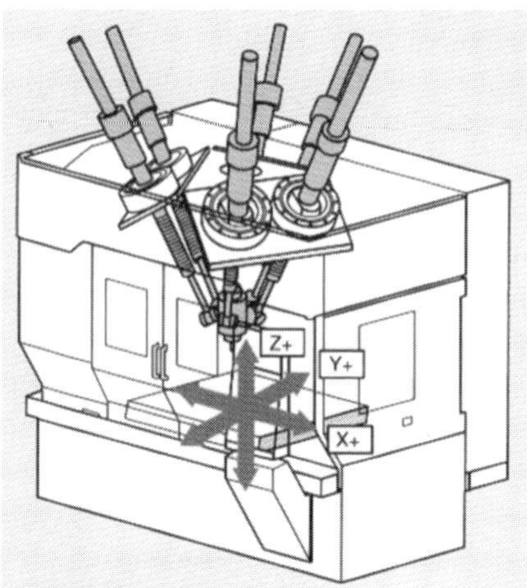

100m/min, 1.5G, 12,000min^{-1}, or 30,000min^{-1}

加工風景

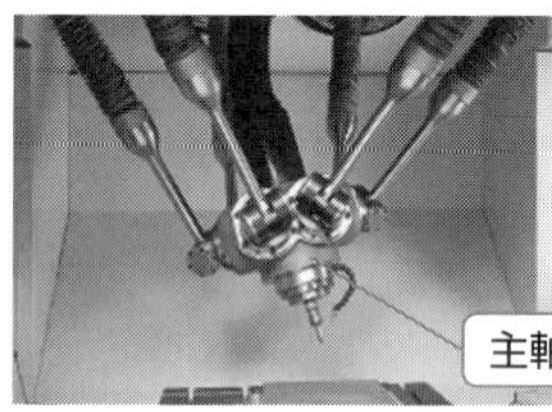

工具自動交換風景

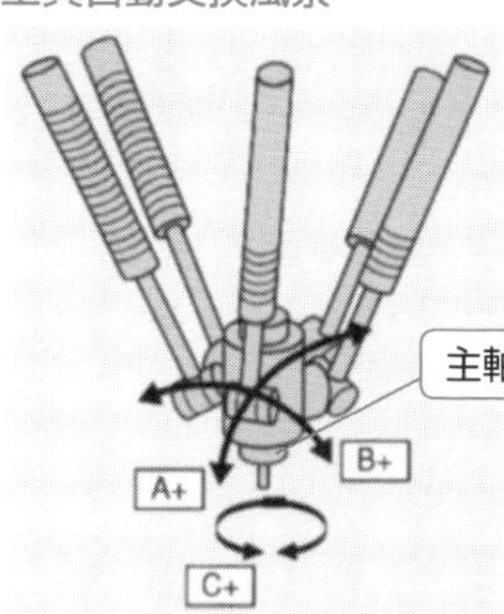

（オークマ）

第7章 工作機械の歴史

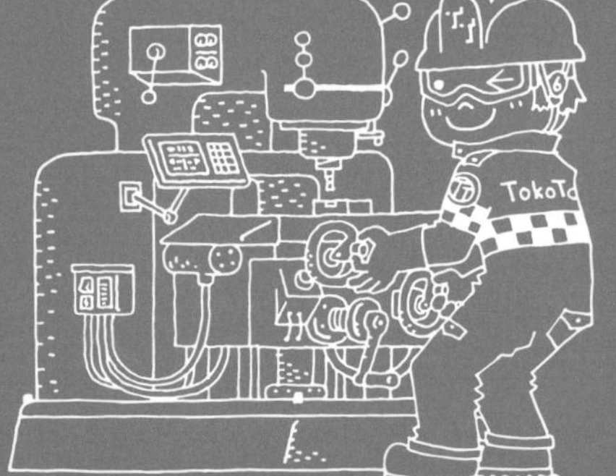

60 工作機械の生い立ち

工作機械の歴史は人類の文明の歴史

「機械を作る機械」である工作機械は、マザーマシンとも呼ばれ、あらゆる産業の最も重要な基盤技術として進化してきており、工作機械の歴史が、人類の文明の歴史であると言っても過言ではありません。

工作機械は、古くはエジプト時代に使われ始めたとされています。紀元前300年頃の古墳の壁に、**図1**のような2人で操作する「紐による手回しの旋盤」が描かれています。この旋盤は、左側にいる作業者が手に刃物を持っていて、右側の作業者は工作物に紐を巻き付け、紐の両端を交互に引き、工作物を回転させることで「加工」を行っていたと思われます。

エジプト時代には、**図2**に示すような弓を前後に動かし、巻き付けた弦で工作物を回転させる「一人操作による弓旋盤」が出現し、古代から中世を通じてアフリカやアジアで広く使われるようになりました。さらに、穴あけのための「弓きり」、また1395年頃につるべ式の足踏み旋盤、1480年頃には「ねじ切り装置」が開発されています。

工作機械の歴史には、多くの偉人たちが関わりをもっていますが、1500年頃に芸術家で天才であるレオナルド・ダ・ビンチ（伊）が記した膨大なスケッチの中に、152頁のコラムの下方図のような、足踏み旋盤に簡単なクランク機構を取り付けた「連続回転方式の旋盤」が図示されています。その中には、足踏み駆動やクランクを使った連続回転、ねじを使った主軸センタの移動など旋盤の機能を備えたものも見られます。こうした発想がその後の進歩に大きく貢献したと思われますが、この方式はすぐには実用化されませんでした。

その後、工作機械技術の進化は産業革命を推進した蒸気機関、紡績機械の需要の拡大や武器製造、そして自動車産業の発展を支えていきます。

表1に工作機械の起源および中世以降の主な技術開発の歴史を示します。

要点BOX
- ●工作機械の起源は、古くは石器時代
- ●使われ始めたのはエジプト時代
- ●一人操作による弓旋盤の出現

図1　エジプト古墳レリーフ線画

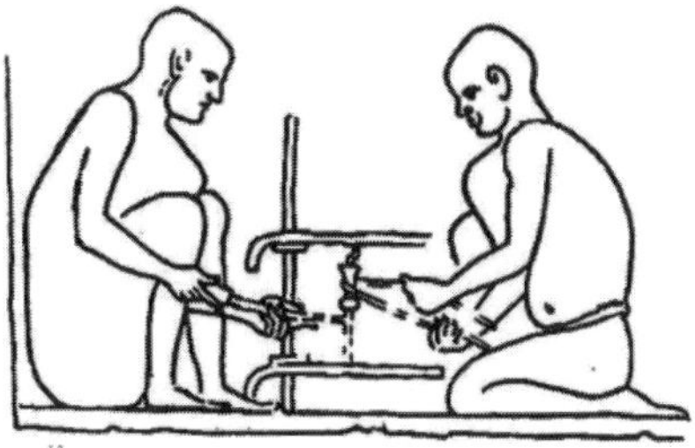

(「工作機械の歴史」宮崎正吉)

図2　弓旋盤(エジプト時代)

(「工作機械の歴史」宮崎正吉)

表1　工作機械の起源および中世以降の主な技術開発の歴史

時期	出来事
紀元前3世紀頃	エジプト古墳レリーフに見られる2人操作の手回し旋盤
エジプト時代	一人操作形式の弓旋盤
1395年頃	つるべ式足踏み旋盤(独:ドイツ)
1480年頃	「ドイツ中世百科事典」に記されたねじ切り装置
1452年~1519年	ダ・ビンチ(伊:イタリア)はその生涯に膨大なアイデアを遺しており、その中に歯車、動力伝達変速機構、クランク式足踏み旋盤、ねじ切り旋盤、ボール盤、研削盤など多くの工作機械関連スケッチがある
1540年	J.トリアーノ(伊)が割出し機構付旋盤で時計用歯車加工(歯車加工機の母型)
1578年	J.ベッソン(仏:フランス)の倣い旋盤、ねじ切り旋盤(ローズエンジンの祖)
1615年	S.ド.コー(仏)の開発した大輪手回し旋盤
1671年	シェルバン(仏)のレンズ加工用の速度変換のできる面削り用旋盤
1713年	マリッツ(スイス)の立て形砲身中ぐり盤
1775年頃	ヴォーカンソン(仏)の工業用旋盤に構造材料として金属を初めて使用
1775年	ウィルキンソン(英:イギリス)の水車駆動式シリンダ中ぐり盤
1778年	ラムスデン(英)が高精度のねじ切り装置を開発
1797年	H.モズレー(英)のねじ切り旋盤(近代工作機械の父)
1836年	ナスミス(英)が形削り盤を開発
1862年	ブラウン&シャープ社(米:アメリカ)がツイストドリルの溝加工用万能フライス盤を開発
1873年	T.グラム(仏)が機械を駆動するモータを発表
1876年	ブラウン&シャープ社が万能研削盤を開発
1901年	ブラウン&シャープ社がモータ直結形の2番万能フライス盤を開発
1952年	パーソンズ(米)がMITと共同で世界初のNC工作機械を開発

(「日本のNC工作機械30年の歩み」ニュースダイジェスト、「イラスト・写真で辿る工作機械の歴史:黎明期からNC工作機械の誕生まで」関口博、「世界への途、半世紀」日本工作機械工業会、「工作機械の設計学(基礎編)」日本工作機械工業会、を基に作成)

61 動力源および動力伝達機構の変遷

当初は人力が動力源だった

現在の工作機械はモータ（電動機）によって必要な動力と安定した運動を得ていますが、当初は人力に頼っており、その運動も不安定でした。

エジプト時代には60で示した一人操作形式の「弓旋盤」や、片手で刃物を、もう一方の手で弓を前後に動かして巻き付けた弦で工作物を回転させ、足で台を動かないように押さえる座仕事形式の旋盤でした。14世紀末になると**図1**の「つるべ式足踏み旋盤」が使用されるようになり、踏み板を足で踏むと工作物が回転し切削が行われ、離すとつるべの弾力で元に戻る方法を使用していました。

1615年にS・ド・コー（仏）が開発した「大輪手回し旋盤」は、一人が大輪を回して連続切削を可能にしました。1671年にシェルバン（仏）によりレンズ加工のために開発された**図2**の「クランク式足踏み旋盤」は、数個の異径プーリを取り付け、ベルトの付け換えで速度を選択するものでした。

16世紀以降、大形工作機械の駆動には水力や馬力が使われていました。1540年、ビリングッチオ（伊）著の『火工術』に水力駆動の砲身中ぐり盤が記載されており、1713年にマリッツ（スイス）が開発した「立て形砲身中ぐり盤」は馬駆動でした。**図3**のスミートン（英）の「シリンダ中ぐり盤」（1759年）は水車駆動でした。この機械の更なる発展によるシリンダ内径の加工精度の飛躍的な向上が、産業革命の基になったワットの蒸気機関を実現したと言われています。

さらに、1870年代におけるモータの発明は、工作機械の駆動伝達方式を一変させました。1873年にT・グラム（仏）が機械を駆動するモータを発表、自工場の動力軸系駆動に採用し、モータの優位性が認識されました。1901年には、ブラウン&シャープ社（米）の2番万能フライス盤で、モータと工作機械を組み合わせた一体ユニットとする試みがなされ、現在のようなモータ直結形工作機械が出現しました。

要点BOX

- 工作機械が出現した当初は人力に頼っていた
- 14世紀末には「つるべ式足踏み旋盤」が登場
- 16世紀以降は水力や馬力。モータは19世紀

図1　つるべ式足踏み旋盤

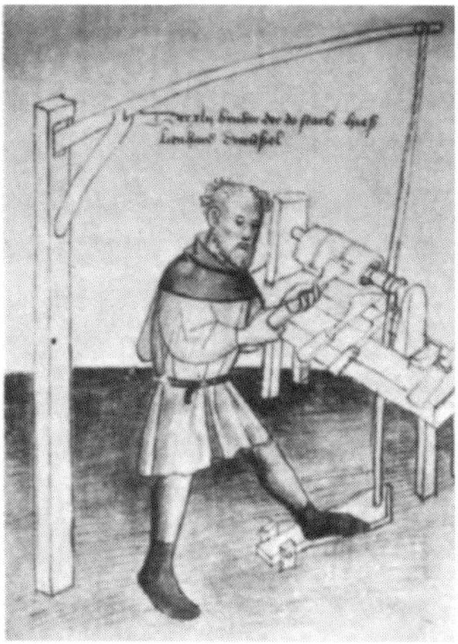

（「History of the lathe to 1850」Robert S.Woodbury）

図2　シェルバンのクランク式足踏み旋盤

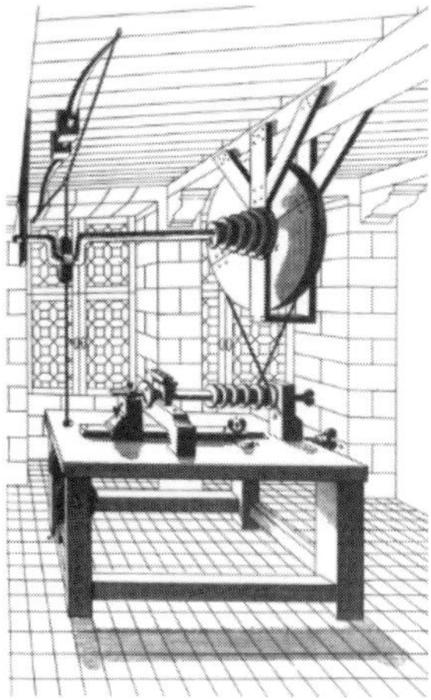

（「History of the lathe to 1850」Robert S.Woodbury）

図3　スミートンのシリンダ中ぐり盤

（「Werkzeugmaschinen: Bohren, Drehen, Fräsen」Karl Allwang）

62 機械構造と送り機構の変遷

均一精度の旋削部品を量産可能にしたモズレー

刃物を手で持って送りを与えていたのを機械的送り機構にしたのは、1480年の「ドイツ中世百科事典」に記載されている時計用のねじ加工のために開発された刃物台が最初と言われています。**図1**に示すように、親ねじと工作物が連動しており、クランクハンドルを回すと親ねじと同じピッチのねじが切れます。

工作機械の構造材料が木から金属になったのは**図2**に示すように1775年頃におけるジャック・ド・ヴォーカンソン（仏）の工業用旋盤が最初とされています。このヴォーカンソン（仏）の旋盤は、主要部が従来の木製ベッドではなく金属製の枠に取り付けられ、主軸と心押台を入れた部分が垂直方向にも軸方向にも調節できるようになっており、61の図1で示したような主軸台と心押台が固定されたつるべ式旋盤のような形式と方法から完全に離れた最初のものと言われています。またプリズム形の案内面を有しています。

図3は、1778年にジェシー・ラムスデン（英）が開発した「高精度のねじ切り装置」です。1インチ（25.4ミリ）当り20山のウォームと大径のウォーム歯車とを噛み合わせ、クランクハンドルでウォームを600回転するとウォームホイールと連動するプーリにスチールベルトが巻かれて、刃物台が5インチ（127ミリ）送られる構造になっています。

図4は、1797年頃に「近代工作機械の父」として名高いヘンリー・モズレー（英）が開発した鋳鉄製の「ねじ切り旋盤」です。この旋盤は高精度の案内面と親ねじ送りにより精密なねじ加工を可能にしました。これは、ねじ山を一定の大きさに統一して量産できる旋盤としては初めてのものでした。これ以前は、ボルトとナットは特定の一組でしか組み合わせることができませんでした。モズレーは自分の工房内で使うねじ山を規格化し、規格に合ったボルトとナットを作るためのダイスとタップを用意したと伝えられています。まさに加工技術の一大進歩でした。

要点BOX

- 1480年に機械的送り機構が登場
- 1775年頃に構造材料が金属の機械が登場
- モズレーがねじを規格化、加工技術が進歩した

図1　ねじ切り装置

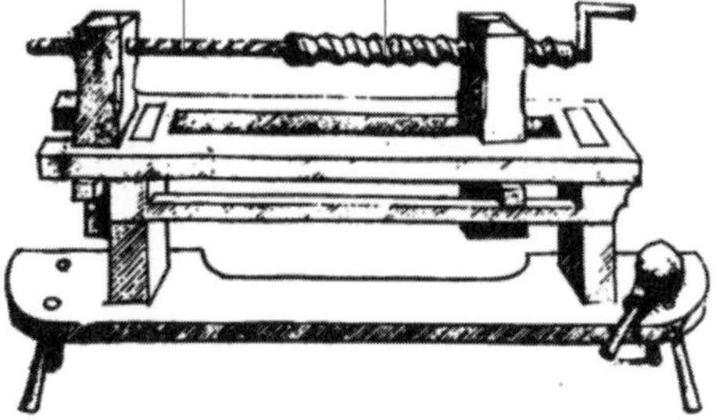

（「History of the lathe to 1850」Robert S.Woodbury）

図2　ヴォーカンソンの旋盤

（「History of lathe to 1850」Robert S.Woodbury）

図3　ラムズデンの高精度のねじ切り装置

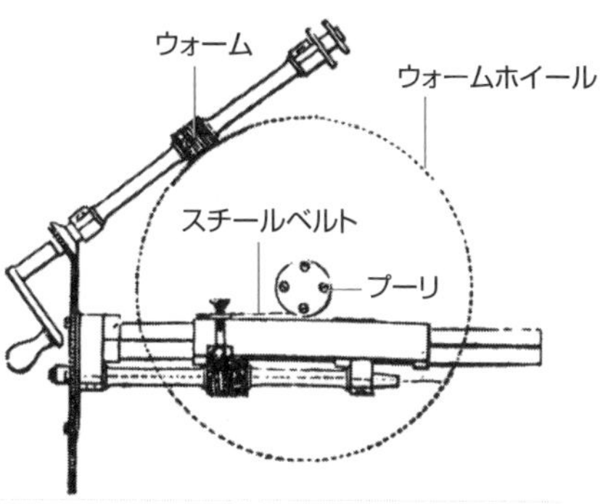

（「History of the lathe to 1850」Robert S.Woodbury）

図4　モズレーのねじ切り装置

（「History of the lathe to 1850」Robert S.Woodbury）

63 各種の工作機械開発

開発の舞台はヨーロッパからアメリカに

工作機械は、旋盤と、ボール盤の2機種を中心に発展しました。中世の先進的な機械には、時計製造のために開発された「小形ねじ切り旋盤」や1540年頃にトリアーノ（伊）が製作した正確な割り出し機構を有する歯切り機械があります。自動制御による複雑形状切削は、**図1**のような1578年のベッソン（仏）による倣い機能付き足踏み旋盤に始まり、その後の装飾品旋盤（ローズエンジン）に受け継がれました。

18世紀には、大砲の砲身や蒸気機関のシリンダを中ぐり加工する必要性から、マリッツ（スイス）の「立て形中ぐり盤」や、61**図3**のようなスミートン（英）の「シリンダ中ぐり盤」が製作されました。さらに1775年には、ウィルキンソン（英）が、**図2**のような、従来より高精度なシリンダ中ぐり盤を開発して、それがワットの蒸気機関製作を可能にし、産業革命時代へ繋がっていきます。

19世紀に入ると近代的旋盤が製作されるようになり、その案内面の精密な平面削りのために1810年代にフォックス（英）、クレメント（英）、ロバーツ（英）が各種の平削り盤を開発し、1836年にはナスミス（英）が小物部品の平面加工のために「形削り盤」を開発しました。

やがて工作機械の開発舞台はアメリカに移って行きます。南北戦争での小銃の大量生産にともない部品の完全な互換性が求められ、量産型のフライス盤、タレット旋盤、多軸ボール盤、自動旋盤、ブローチ盤などが開発されました。中でも1862年にブラウン&シャープ社（米）が開発した**図3**の「万能フライス盤」は、工作物を左右・前後・上下に動かすことができ、あらゆる工作物に対応可能な「ひざ形フライス盤の元祖」として有名です。

19世紀後半には、機械工業における焼入れ鋼の使用が増大し、人造砥石車と研削盤が不可欠となりました。1876年にブラウン&シャープ社は円筒・テーパ面・内面などの研削が可能な**図4**の「万能研削盤」を開発し、自動車産業の発展に大きく貢献します。

要点BOX
- ●ウィルキンソンが高精度なシリンダ中ぐり盤を開発
- ●ナスミスが平面加工のために形削り盤を開発
- ●ブラウン&シャープ社の機械が産業の発展に貢献

図1　ベッソンの倣い旋盤

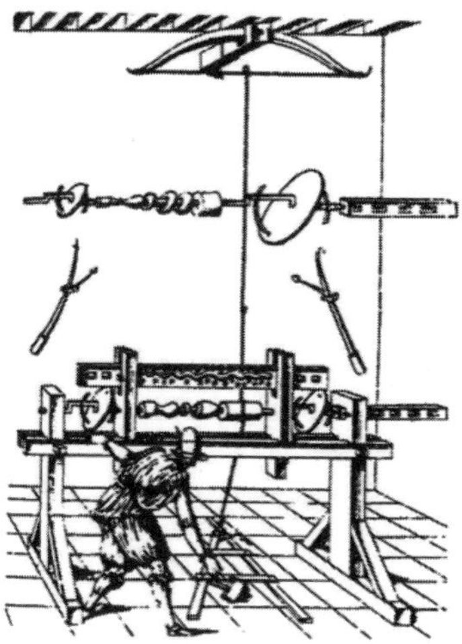

（「History of the lathe to 1850」Robert S.Woodbury）

図2　ウィルキンソンの高精度シリンダ中ぐり盤

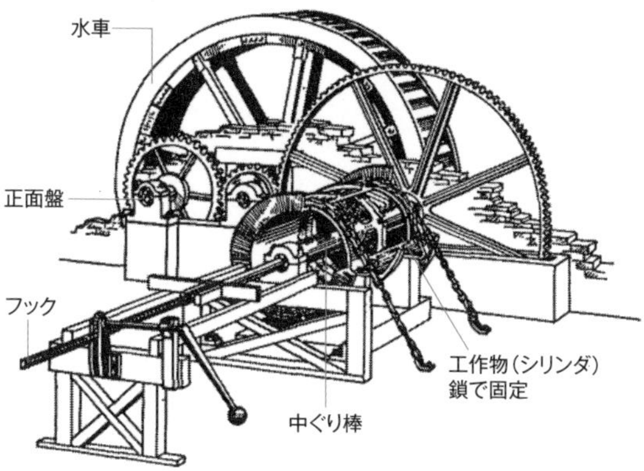

（「Tools for the job」L.T.C.Rolt）

図3　ブラウン&シャープ社製万能フライス盤（電動機一体化前）

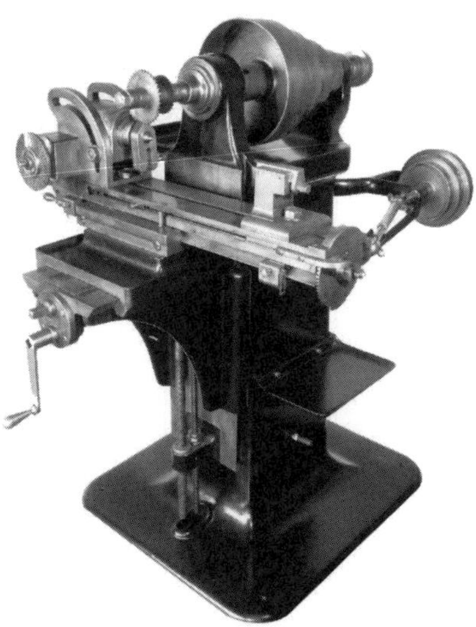

（株式会社三共製作所機械資料館　提供）

図4　ブラウン&シャープ社製万能研削盤

（株式会社三共製作所機械資料館　提供）

64 NC工作機械開発と変遷

大変革をもたらした数値制御(NC)工作機械

一般に数値制御(NC)の発明者はジョン・T・パーソンズ(米)とされています。**図1**は1952年、マサチューセッツ工科大(MIT)サーボ機構研究所と共同開発した、「数値制御装置付き複雑形状部品加工用工作機械」で、大変革をもたらしました。

1956年には、サンドストランド社(米)がNC旋盤を、1957年にNCフライス盤を開発しました。**図2**は、1958年にカーネイ&トレッカー社(米)が開発したマシニングセンタ(MC)"ミルウォーキーマチック"で、これがMC時代の幕開けとなりました。NC技術の発展は、加工工程の複合化を促しマシニングセンタやターニングセンタといった新しい工作機械を生み出しました。

さらに、未来工場に向けた無人化志向のマシニングシステムは、パレットチェンジャー付きMCや大規模なFMS(フレキシブル・マニュファクチャリング・システム)へと展開されました。近年では、航空機産業向けとしてインペラ、タービンブレード、精密金型などの複雑形状加工用として「同時5軸制御MC」が開発され、NC機の需要産業は、軍需産業から、航空宇宙産業、自動車産業などへと拡大しています。

近年の新しい流れとして、ネットワーク技術を活用した工場管理のために、世界レベルでIIoT(Industrial Internet of Things)が推進されています。IIoTは「産業用IoT」、「インダストリアルIoT」などと呼ばれ、「産業機械・装置・システムなどがインターネットを通じて繋がることによって実現するサービスやビジネスモデル」またはそれを可能とする技術の総称です。現在、世界中の企業がIIoTの技術を活用した第四次産業革命(四革)に取り組んでいますが、特に、ドイツが提唱する「インダストリー4.0(Industrie 4.0)」、アメリカが提唱する「インダストリアル・インターネット(Industrial Internet)」が、規格化などの面で大きな主導権を握ったことで、国内に比べると海外での取り組みが先行していると言われています。

要点BOX

- ●数値制御を発明したジョン・T・パーソンズ
- ●NC技術の発展は、新しい工作機械を生み出した
- ●現在、世界中でIIoTを活用した四革が推進

図1　世界初のNCフライス盤

（POPULAR-SCIENCE（1955年8月））

図2　K&T社のMC“ミルウォーキーマチック”

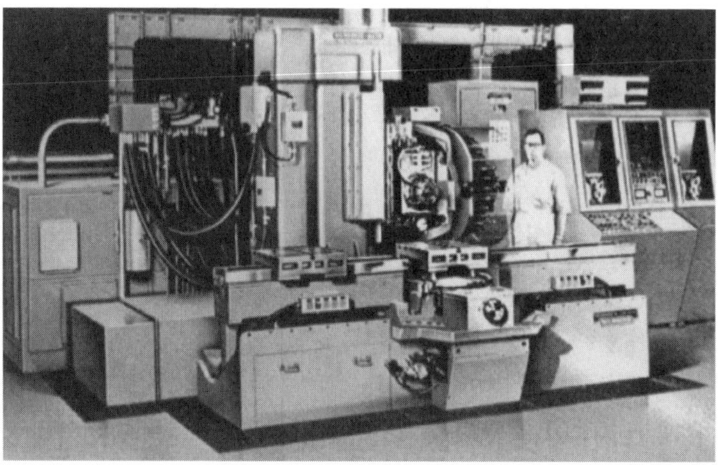

（「マシニングセンタ」工作機械技術研究会、「日本のNC工作機械30年の歩み」ニュースダイジェスト）

65 日本の工作機械の歴史

世界一の工作機械生産国への道

日本で最初に使用された工作機械は、1850年（嘉永3年）頃に佐賀鍋島藩で大砲の砲身の内壁を削るためのものとされています。その後、1875年頃に伊藤嘉平治が図1の「全鍛鉄製足踏み旋盤」を製作し、さらに1878年、日本の近代化に貢献したゴットフリード・ワグネルが図2の「ドイツ製足踏み式木製旋盤」を日本に持ち込み、島津製作所の創業者である初代島津源蔵に贈ったとされています。1895年頃になると、多くの工作機械メーカが相次いで設立されましたが、それは、1904年の日露戦争により、工作機械の需要が拡大したことが要因です。

日本の工作機械は、欧米諸国と比べて技術格差は歴然としていました。しかしながら、第二次世界大戦の勃発により、政府は国内の代表的な工作機械メーカに工作機械を分担して製作させることになりました。その後、軍需を中心に5万台以上の工作機械が生産されていましたが、終戦により国内生産はゼロになりました。

その後1960年代に入り、産業の復興と成長によって、工作機械の需要も活発になりました。しかし、欧米諸国に比べ技術的な遅れがあり、このような技術格差を解消するために、欧米の一流工作機械メーカと技術提携を結び、国産化に努めました。特に、1952年のNC工作機械の出現は、日本の工作機械産業にとって追い風でした。NC工作機械がユーザニーズの多様化に応えることができ、省力化や品質の向上を可能にし、さらに熟練工不足などへ対応できる最適な機械であったからです。

図3は1956年に富士通信機製造（現：ファナック）が初めてのNC機として開発した「タレットパンチプレス」です。1957年には、東京工業大学が図4のようなNC旋盤を試作しました。やがて1970年代後半からNC工作機械は飛躍的に性能が向上し、1980年代には日本は世界一の生産高を達成しました。

要点BOX

- ●日本初の工作機械では大砲の砲身の内壁を削った
- ●第二次世界大戦により、国内メーカが分担製作
- ●NC工作機械が日本の工作機械産業の追い風

図1　伊藤嘉平治製作の全鍛鉄製足踏み旋盤

（東京工業大学）

図2　ドイツ製足踏み式木製旋盤

（島津創業記念資料館）

図3　タレットパンチプレス

（ファナック）

図4　東京工業大学で試作した日本初のNC旋盤と制御盤

（東京工業大学）

Column

「レオナルド・ダ・ビンチ」工作機械の始祖

皆さんはレオナルド・ダ・ビンチをご存知でしょう。中世ルネッサンスをこの世にもたらした偉大な芸術家ですが、一方科学者でもあります。そして、ダ・ビンチは工作機械についても革新的なアイデアを多数持っていた人で、1500年頃に多くの工作機械のスケッチを残しています。近代工作機械の始祖と仰がれる大技術者でもあります。ダ・ビンチの創作メモは工作機械のスケッチを含めて、長い年月にわたって他人の目にふれず公開されなかったので、200年も経て同じような考案が別の人によって実現されています。たとえば、主軸駆動旋盤、ねじ切り機械、パイプ中ぐり盤などで、これらの事実を知らずに、後世になって実現した人々は偉大な工作機械発明家となっています。

ダ・ビンチのねじ切り機械(1500年ごろ)

テーブルの下の交換歯車に注目せよ。

(「History of the lathe to 1850」Robert S.Woodbury)

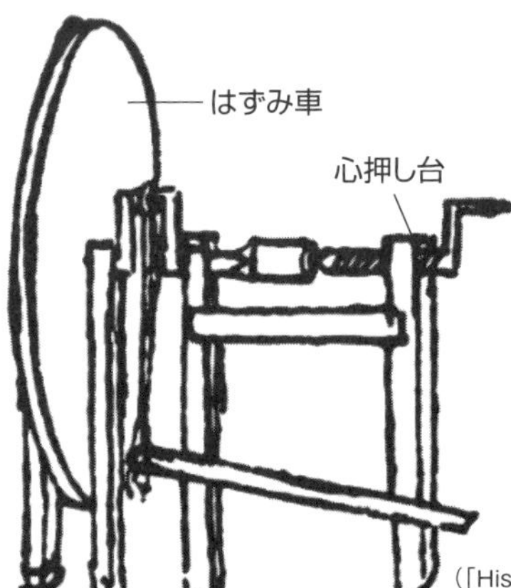

1500年頃のダ・ビンチのスケッチ

旋盤の図で、主軸台には三つの軸受があり、駆動は踏み板、クランク、はずみ車による。

(「History of the lathe to 1850」Robert S.Woodbury)

【参考文献】

◎第1章
・6節　図1、図2
「新版　初歩から学ぶ工作機械」清水伸二著、大河出版
・7節　図2
「新版　初歩から学ぶ工作機械」清水伸二著、大河出版
・コラム
「新版 工作機械の設計学（基礎編）マザーマシン設計のための基礎知識」日本工作機械工業会

◎第2章
・8節　図1、図2
「新版　初歩から学ぶ工作機械」清水伸二著、大河出版
・9節　図1～3
「新版　初歩から学ぶ工作機械」清水伸二著、大河出版
・10 節　図1、図2
「新版　初歩から学ぶ工作機械」清水伸二著、大河出版
・11 節　図1、図2
「新版　初歩から学ぶ工作機械」清水伸二著、大河出版
・13 節　表1、表2
「新版　初歩から学ぶ工作機械」清水伸二著、大河出版
・14 節　図1
「新版　初歩から学ぶ工作機械」清水伸二著、大河出版
・コラム
「新版 工作機械の設計学（基礎編）マザーマシン設計のための基礎知識」日本工作機械工業会

◎第3章
・17 節
図1（a）「Analytical Modeling of Chatter Stability in Turning and Boring Operations – Part Ⅱ: Experimental Verification」Emre Ozlu, Erhan Budak, Trans. ASME, J. Manuf. Sci.Eng., Vol. 129, No. 4, 2007
図 1（b）The Chatter About Chatter, PMPA（http://pmpaspeakingofprecision.com/2010/05/18/the-chatter-about-chatter/）（2020 年4月 24 日確認）
・18 節
図1「新版　初歩から学ぶ工作機械」清水伸二著、大河出版
図2「MTTF（Machine Tool Task Force）報告書」George P.Sutton 監修 [1980]
図3「Handbook of Machine Tools」Manfred Weck 監修、John Wiley & Sons, New York, 1984
・19 節　図1「工作機械の運動精度評価方法」三井公之著、マシニスト（第 32 巻第5号「1988」）
図2「Handbook of Machine Tools」Manfred Weck 監修、John Wiley & Sons, New York, 1984
・23 節
図1「新版　初歩から学ぶ工作機械」清水伸二著、大河出版
・コラム
「新版 工作機械の設計学（基礎編）マザーマシン設計のための基礎知識」日本工作機械工業会

◎第4章
・24 節
図1左、図2左「新版　初歩から学ぶ工作機械」清水伸二著、大河出版

・25 節
図1左、図2左、図3「新版　初歩から学ぶ工作機械」清水伸二著、大河出版
・26 節
図2「新版　初歩から学ぶ工作機械」清水伸二著、大河出版
・27 節
図1左「新版　初歩から学ぶ工作機械」清水伸二著、大河出版
・28 節
図3「新版　初歩から学ぶ工作機械」清水伸二著、大河出版
・29 節
図1左「新版　初歩から学ぶ工作機械」清水伸二著、大河出版
・30 節
図1「NC工作概論」岡部眞幸・和田正毅監修、雇用問題研究会
・31 節
図1左、図2左と右上
「新版　初歩から学ぶ工作機械」清水伸二著、大河出版
・コラム
「新版 工作機械の設計学（基礎編）マザーマシン設計のための基礎知識」日本工作機械工業会

◎第5章
・40 節
図1「新版　初歩から学ぶ工作機械」清水伸二著、大河出版
・42 節
図1　ジートライズ
・43 節
図1、図2「加工学I ―除去加工―」日本機械学会編、日本機械学会
・45 節
図1　ソディック
・コラム　タンガロイ

◎第6章
第6章
・48 節
図1～3　シチズンマシナリー
・49 節
図1　オークマ
図2　堤正臣「5軸制御マシニングセンタの運動精度測定方法」(東京農工大学公開講座)
・50 節
図1　INDEX-Werke GmbH & Co. KG（インデックス社）提供
図2、3　DMG森精機
・51 節
図1、2　Maegerle AG Maschinenfabrik（メーゲレ社）提供
・52 節
図1、2　FANUC
・53 節
図1「超精密工作機械と大型工作機械の高精度化・高速化」田中克敏、2009年度精密工学会秋季大会
図2　芝浦機械

・54 節
図 1「絵とき「レーザ加工」基礎のきそ」新井武二、日刊工業新聞社
図 2　DMG 森精機
・55 節 図 2　スギノマシン、岳将
図 3　DMG 森精機
・56 節
図 1　中村留精密工業
図 2　オークマ
図 3　DMG 森精機
・57 節
図 1「旋削機能付きマシニングセンタの主軸回転固定機能の安定化」木村文武、天谷浩一、矢野宏、「品質工学 Vol.19 No.4」品質工学会
図 2、3　ヤマザキマザック
・58 節
図 1 ～ 3　松浦機械製作所
・59 節
図 1　「IoT 時代を迎えた工作機械によるモノづくり技術の今後を展望する」白瀬敬一、「機械技術 2018 年 11 月臨時増刊号」日刊工業新聞社
図 2　オークマ
・コラム　オークマ

◎第7章
参考文献：「新版 工作機械の設計学（基礎編）」日本工作機械工業会
・60 節　図 1、2
「工作機械の歴史」宮崎正吉、三豊製作所
表 1「日本の NC 工作機械 30 年の歩み」ニュースダイジェスト、「イラスト・写真で辿る工作機械の歴史：黎明期から NC 工作機械の誕生まで」関口博、「世界への途、半世紀」日本工作機械工業会、「新版 工作機械の設計学 (基礎編)」日本工作機械工業会
・61 節　図 1、2
「History of the lathe to 1850」Robert S. Woodbury, The MIT Press, 1961
図 3「Werkzeugmaschinen: Bohren, Drehen, Fräsen」Karl Allwang, Deutsches Museum, 2002
・62 節
図 1 ～ 4「History of the lathe to 1850」Robert S. Woodbury, The MIT Press, 1961
・63 節
図 1「History of the lathe to 1850」Robert S. Woodbury, The MIT Press, 1961
図 2　「Tools for the job」L.T.C Rolt, Batsford, 1965
図 3、4　三共製作所機械資料館
・64 節
図 1「Teaching Power Tools to Run Themselves」POPULAR-SCIENCE, 1955
図 2「マシニングセンタ」工作機械技術研究会、「日本の NC 工作機械 30 年の歩み」ニュースダイジェスト
・65 節
図 1　島津創業記念資料館
図 2、4　東京工業大学
図 3　FANUC
・コラム
「History of the lathe to 1850」Robert S. Woodbury, The MIT Press, 1961

索引

英数字

ア

カ

サ

タ

ナ

ハ

マ

ヤラワ

今日からモノ知りシリーズ
トコトンやさしい
工作機械の本 第2版

NDC 532

2011年10月20日 初版1刷発行
2017年 7月21日 初版7刷発行
2020年 5月27日 第2版1刷発行
2022年 6月17日 第2版3刷発行

発行者 井水 治博
発行所 日刊工業新聞社
東京都中央区日本橋小網町14-1
(郵便番号103-8548)
電話 書籍編集部 03(5644)7490
販売・管理部 03(5644)7410
FAX 03(5644)7400
振替口座 00190-2-186076
URL https://pub.nikkan.co.jp/
e-mail info@media.nikkan.co.jp
印刷・製本 新日本印刷(株)

●DESIGN STAFF
AD――――――志岐滋行
表紙イラスト――――黒崎 玄
本文イラスト――――カワチ・レン
榊原唯幸
ブック・デザイン ――奥田陽子
(志岐デザイン事務所)

●
落丁・乱丁本はお取り替えいたします。
2020 Printed in Japan
ISBN 978-4-526-08019-7 C3034

●定価はカバーに表示してあります

●著者略歴

清水伸二(しみず しんじ)

1981年 上智大学大学院理工学研究科 博士後期課程修了
((株)大隈鐵工所(現オークマ(株) 1973～1978年、上智大学理工学部 1981～2014年)
現在、日本工業大学工業技術博物館館長、同大学客員教授、上智大学名誉教授、MAMTEC代表(技術コンサルティング事務所)、工学博士
主な著書:『新版 初歩から学ぶ 工作機械』大河出版(2011)、『新版 工作機械の設計学(基礎編)』(一社)日本工作機械工業会(2020)など

岡部眞幸(おかべ まさゆき)

1980年 上智大学大学院理工学研究科 博士前期課程修了
(東芝機械(株) 1980年～1982年、上智大学理工学部 1982年～2001年)
現在、職業能力開発総合大学校能力開発院教授・教務部長、工学博士
主な著書:『絵とき機械用語事典-工作機械編-』日刊工業新聞社(2012)、『ザ・手仕上げ作業-ものづくり現場で受け継がれる技術と技能-』監修、日刊工業新聞社(2016)

澤 武一(さわ たけかず)

2005年 熊本大学大学院 博士後期課程修了
現在、芝浦工業大学デザイン工学部デザイン工学科教授、博士(工学)
主な著書:『トコトンやさしいNC旋盤の本』日刊工業新聞社(2020)、『トコトンやさしい切削工具の本』日刊工業新聞社(2015)など

八賀聡一(はちが そういち)

1968年 日本大学法学部卒業
((一社)日本工作機械工業会1968年～2011年(技術部長1999年～2003年、事務局長2004年～2011年)、(一社)SME日本支部2011年～2013年(事務局長2011年～2013年))